공생의 도시재생디자인

공생의 도시재생디자인

—

인쇄 2019년 3월 10일 1판 1쇄   **발행** 2019년 3월 15일 1판 1쇄

지은이 이석현   **펴낸이** 강찬석
펴낸곳 도서출판 미세움   **주소** (07315) 서울시 영등포구 도신로51길 4
전화 02-703-7507   **팩스** 02-703-7508   **등록** 제313-2007-000133호
홈페이지 www.misewoom.com

정가 17,000원

—

이 도서의 국립중앙도서관 출판예정도서목록(CIP)은 서지정보유통지원시스템 홈페이지(http://seoji.
nl.go.kr)와 국가자료공동목록시스템(http://www.nl.go.kr/kolisnet)에서 이용하실 수 있습니다.
CIP제어번호: CIP2019006398

ISBN 979-11-88602-16-2   03540

공생의
도시재생디자인

이 석 현 지음

미세움

서문

조율

　2013년부터 2018년까지의 5년간은 도시디자인 전문가로서의 제 삶에 큰 의미를 가진 시기였습니다. 물론 이전에도 다양한 장소에서 도시를 디자인하거나 자문을 해왔지만, 위 시기에는 특히나 많은 도시를 디자인할 기회를 가졌습니다. 게다가 그것이 디자인에 그치지 않고 실제의 구현으로 이어진 것은 전문가로서 실로 영광스러운 일이었습니다. 특히 저와 같이 도시디자인을 컨설팅하고 학생을 지도하는 입장에서 그러한 기회를 가지는 것은 더욱 어렵습니다. 대다수 자문에 그치는 경우가 많으며, 또한 그 자문이 계획으로 반영되는 일도 드물기 때문입니다. 그러던 중 그 시기부터 본격적인 도시디자인을 실천해 보고자 노력했었고, 저를 믿어줬던 많은 분들의 협력 속에 새로운 시도가 가능했었습니다.

　도시의 디자인은 결코 한 개인의 힘으로 되는 것이 아니라고 생각합니다. 무엇보다 지역에서 살아온 구성원과 행정 관계자, 그리고 개발을 추진하는 관계자, 그 외에 그것을 지원하고 계획을 구상하는

전문가가 필요합니다. 게다가 도시의 디자인에는 건축과 도시계획, 조경, 공공시설물, 색채와 조명, 공동체의 조정과 같은 많은 분야가 결합되기 때문에 더욱 복잡한 양상을 띄게 됩니다. 그러한 상황에서 각 도시의 디자인 방향을 정하고 그에 맞는 계획을 추진하는 것은 실로 어려운 작업임에 분명합니다. 더욱이 디자인이 실제의 공간으로 구현되기까지는 무수한 시간이 걸리며, 이에 따르는 협의과정과 비용은 계획의 실현을 더욱 어렵게 합니다.

이럴 때는 우리의 도시가 자연발생적으로 만들어진 것이 아니고, 오랜 도전과 변화 속에 만들어졌다는 것을 생각해 볼 필요가 있습니다. 서구에서는 고대 이집트와 그리스에서부터, 동양에서는 우리나라와 중국의 고대 도시까지 이 지구상의 모든 도시들은 거대화되고 조직화되면서 특정한 공동체의 유지를 위해 각 도시에 맞는 디자인이 적용되어 왔습니다. 그 수많은 사람들의 생활과 삶의 이상, 자연에 대한 도전, 권력과 민주주의의 대안으로서, 인간은 길과 공간을 만들어내고 높은 신에 대한 숭배의 흔적으로서 웅장한 기념물도 만들어 왔습니다. 때로는 전쟁과 재난을 통해 그러한 산물이 무너지고 변화되는 과정을 겪기도 했지만, 인류가 도시를 성장시키는 과정에서 결코 의미 없는 퇴보는 없었습니다. 그러한 역사 속에서 구축된 도시야말로 인류가 만들어낸 가장 위대한 성과물이며, 그 위를 현재의 우리는 걸으며 살아가고 있습니다. 지금도 이러한 도시디자인과 실천은 누군가에 의해 진행되고 있으며, 다음 세대에도 그 역사는 이어질 것입니다. 따라서 도시디자인에 따르는 모험과 희생은 지극히 당연한 것이며, 그만한 가치가 있습니다.

제가 진행해 온 일련의 계획들도 그러한 모험의 선상에 있습니다.

이러한 역할에는 무한한 책임감이 필요합니다. 저의 판단과 결정에 의해 누군가의 삶이 변화하고, 의식적이든 무의식적이든 구성원들의 생활이 달라지기 때문입니다. 실제로 제가 한 디자인 중 일부는 서투르고 구성원들에게 최선의 선택이 아니었던 적도 있었을 것입니다. 지금도 이것이 최선인지, 또 다른 선택은 없는지 명확한 판단이 서지 않을 때가 적지 않습니다. 그때마다 우리 도시가 걸어온, 그리고 그 도시에서 살며 역사를 만들어온 사람들의 삶을 생각합니다. 결국 도시의 디자인은 누군가가 주도적으로 진행하지만 그 결과는 모든 사람들의 몫이기 때문입니다.

조율은 도시디자인에 있어 최상의 결과물을 이끄는 최선의 힘입니다. 우리는 공연장에서 오케스트라의 음악을 들으며, 수십 명의 연주자들이 지휘에 따라 하나의 하모니를 만들어내는 것을 접하게 됩니다. 이때 지휘자는 그들이 각자의 역할을 할 수 있도록 이끌어내고, 연주자들은 지휘와 악보를 공유하며 연주곡을 완성시킵니다. 훌륭한 악보가 있더라도 이를 이끄는 지휘자와 연주가, 그리고 조명과 무대장치를 만드는 사람들, 그리고 그것을 지켜보는 관중들의 환호 없이 그 공연은 존재할 수 없습니다. 그렇게 상황에 맞추어 관계를 조정하는 것이 조율이며, 도시의 디자인에서는 디자이너가 곧 그 지휘자 역할을 하게 됩니다. 지휘자는 단지 결과를 고려하여 최적의 방향을 제시하고 이끌어나갈 뿐입니다. 물론 성공의 영광도, 실패의 시련도 함께 하게 됩니다. 누군가가 주도적으로 이끌어나가지만, 결국 그 도시디자인의 과정과 완성의 주체는 모든 구성원입니다. 따라서 모두의 참여와 노력은 훌륭한 계획을 가능하게 하는 최고의 힘입니다. 그렇기에 전문가는 많은 사람들이 시간과 공간이

라는 험난한 강을 건널 수 있도록 하는 든든한 다리가 되어야 한다고 생각합니다.

사람과 장소

저에게는 도시를 디자인하는 필수적인 관점과 방법이 있습니다. 물론 이 방법은 제가 고안한 것이 아닙니다. 이미 누군가에 의해 시도되었고 일반적으로 추진되는 방법일 수 있습니다.

그 첫번째가 사람에 의한, 사람을 위한 디자인입니다. 이 내용은 매우 복잡한 의미를 포함하고 있습니다. 어떤 사람이냐는 것이 중요하고 어떤 입장에 선 사람인가 등의 문제가 생겨납니다. 저는 모든 도시의 디자인에서 그 공간에서 살아가고, 향유하고, 접하는 모든 사람들이 우선시되는 접근이 필요하다고 생각합니다. 그것은 작은 시설물에서부터, 도시 전체를 만들어나가는 디자인의 기본 철학이며, 이로 인해 디자인 추진의 방식이 달라지기도 합니다. 누구나 이런 관점의 중요성을 알지만 현실에서는 시간과 비용, 협의의 어려움 등으로 간과되기 쉽습니다. 그렇기에 이 관점을 잃는 순간 디자인의 가치 역시 쉽게 훼손됩니다.

도시의 디자인은 가치의 문제입니다. 다른 곳에서는 별 의미가 없는 형태나 색채가 어떤 공간과 사람들에게 특별한 의미를 가질 수도 있기 때문입니다. 마치 돈과 같이, 종이에 불과하지만 사람들이 많은 가치를 부여한 것처럼, 디자인도 사람들의 문화를 응축시켜 놓은 가치, 그 자체라고 할 수 있습니다. 따라서 사람에 대한 가치와

믿음은 도시디자인의 가장 핵심적인 요소가 되어야 하고, 모든 디자인은 사람들과의 협의를 통해야 합니다.

두 번째로는 장소를 고려한 디자인입니다. 하나의 장소에는 그 속에 축적된 역사와 시간이 있습니다. 물론 신도시와 같이 새롭게 조성되는 장소도 있지만, 그 역시 사람의 역사와 떨어져서는 존재할 수 없습니다. 장소를 만드는 것은 사람이지만 사람은 그 장소에 의해 영향을 받게 됩니다. 따라서 도시디자인에서는 장소가 가지는 물리적 특징과 경관적인 상황, 인문학적 조건, 장소를 둘러싼 사람들의 의식, 장소가 지향하는 방향 등이 면밀히 고려되어야 합니다. 그리고 장소의 과거와 현재도 중요하지만 지향해야 할 미래의 방향도 중요합니다. 때로는 다른 장소에 비해 소박하지만 그것이 그 장소에 적합할 수도 있고, 때로는 혼잡한 환경이 그 장소에 적합할 수도 있습니다. 반대로 모든 것을 비운 것이 공간을 화려하게 만들 수도 있습니다. 그것을 판단하는 기준이 바로 장소의 삶, 장소성이라고 할 수 있습니다. 그렇기에 다른 공간의 훌륭한 디자인을 모방한다고 좋은 장소가 될 것으로 예상한다면 큰 오산입니다. 이것이 장소의 요구를 잘 파악하여 디자인을 해나가야 하는 이유입니다. 장소도 살아 있는 생명체입니다.

세 번째로는 통합적 관점입니다. 최근 도시디자인은 다양한 세부 분야로 나뉘고 있습니다. 안전디자인과 유니버설디자인, 건축디자인, 공공디자인, 색채디자인과 야간디자인, 커뮤니티디자인, 서비스디자인 등이 그 예입니다. 그러나 저는 그러한 세부 분야로 나뉘더라도, 기본적으로는 관계에 기반한 통합적 관점으로 디자인되어야 한다고 생각합니다. 그렇지 않으면 한 도시가 개성 있는 이미지

로 성장하기 어렵습니다. 한 예로 최근 안전디자인에서 노란색과 그래픽 활용이 유행을 하자 다른 곳에서도 유사한 방식으로 획일화된 사례가 있습니다. 안전한 공간을 디자인하더라도 결국 그 공간이 지향해야 할 경관의 특성을 고려하여 공간 그 자체가 안전성을 가질 수 있도록 디자인되어야 합니다. 다른 관점에서 보면 도시를 디자인하면서 건축과 시설, 색채와 조명, 안전성과 유니버설적 관점이 따로 고려된다는 것 자체가 모순입니다. 이것은 마치 사람의 손, 발, 다리, 얼굴, 몸통을 따로 만드는 것과 같으며, 결과적으로 하나의 정체성을 구축하기 어렵게 됩니다. 따라서 도시디자이너에게는 도시와 장소가 지향하는 방향을 파악하여, 서로 간의 관계를 통합적으로 고려하는 자세가 요구됩니다. 또한 당연히 그렇게 추진되어야 그 도시에서 지향해야 할 이미지를 지속적으로 구축할 수 있습니다. 그렇기에 도시디자인에서 다양한 전문가들과의 협력은 필수적인 요소가 됩니다.

　네 번째는 알기 쉬움입니다. 도시디자인에서 알기 쉬운 방식과 접근은 누구나 이해할 수 있도록 하여 다양한 사람들의 참여를 가능하게 합니다. 또한 그러한 다양한 이해와 접근은 디자인의 지속가능성을 높입니다. 아무리 디자인의 내용이 좋더라도 사람과 장소에 적합하지 않으면 사람들의 공감을 얻기 힘들며, 실제로 적용되더라도 정착되기 어렵습니다. 알기 쉬운 디자인을 위해서는 장소와 사람에게 최적의 디자인, 즉 어울리는 디자인이 필수적입니다. 알기 쉬운 디자인에서 최적의 심플함과 친절함도 필수적인 요소이며, 누구나 납득 가능한 형태와 사인, 색채가 탄생할 가능성이 높아집니다. 이는 어린이부터 고령자까지 다양한 사람들의 공간 사용성을 높이

게 하며, 당연히 디자인 과정에서 사람들의 참여도 높아져 발전 가능성도 커지게 될 것입니다.

　다섯 번째는 윈윈(Win Win)의 접근입니다. 전문가는 항상 자기중심적이기 쉽습니다. 자신은 옳고 다른 사람은 틀리다고 판단하는 경향이 강하기 때문입니다. 물론 실제로 옳은 경우도 많겠지만, 전문가가 자신의 능력에 취해 도시디자인의 과도한 주인공이 되면 공간과 사람을 잊기 쉽습니다. 장소의 주인은 그 공간을 살아왔고, 살고 있고, 살아나갈 사람들입니다. 그들이 우선시되어야 하고, 그것을 지지하는 다양한 관계자의 전문성이 계획과정에서 보장되어야 합니다. 그것이 결국 계획이 완성되었을 때, 모든 이의 긍지로 이어지도록 하기 때문입니다. 이것은 디자인 접근의 기본적인 차이를 만듭니다. 그들의 입장에서 그들이 요구하는 디자인을 고민할 수 있게 하며, 과정과 결과물의 차이를 고려할 수 있게 합니다. 그러나 이것이 그들이 원하는 대로 계획해야 한다는 의미는 아닙니다. 그들의 요구를 그들의 관점에서 전문가적 입장을 더해 찾아 나간다는 의미가 더 강합니다. 따라서 전문가와 행정, 시민의 민주적인 협의는 100%는 아니더라도 많은 사람들에게 만족감을 줄 수 있는 디자인의 가능성을 높입니다. 그리고 그 결실도 서로 나눌 수 있게 할 것입니다. 어쩌면 이러한 협의가 많은 디자인 과정에서 흔들림 없이 저를 이끈 힘이라고 생각됩니다.

도전과 모험

　이 책은 이상의 관점을 바탕으로 10여 년간 진행한 저의 도시재생과 도시디자인 과정을 정리한 결실입니다. 그리고 이 결실을 공유하기 위해 각 디자인의 과정과 방법, 계획 전후의 모습을 기억의 범위 내에서 담았습니다. 이 계획 중에서 어느 하나 쉬운 것이 없었고, 매번 새로운 장소와 새로운 사람을 만날 때마다 어려움을 극복해야 했습니다. 그 과정 속에서도 저 역시 많은 시행착오를 겪었으며, 반성도 많았고 뿌듯함도 적지 않았습니다. 무엇보다 그 도전 속에서 저 역시 성장했음은 분명한 사실입니다. 마찬가지로 저로 인해 많은 공간이 변했고, 그 공간으로 인해 많은 사람들이 이전과는 다른 삶을 누리고 있다는 점은 저를 이 길로 가게 한 결정에 후회라는 단어를 떠올리지 않게 합니다. 그리고 그 과정에서 많은 사람들의 도움을 받았고 그들과 깊은 우정을 나누었으며, 그 힘이 저를 새로운 도전과 모험으로 이끌게 했습니다.

　아직도 많은 사람들은 우리의 도시 수준을 과소평가하는 경향이 강합니다. 물론 선진 도시에 비해 도시디자인의 중요성을 늦게 파악하고 경제적 논리가 우선시되어 도시경관이 훼손된 곳이 많은 것도 분명합니다. 그럼에도 우리 도전이 가지는 가치는 다른 어느 나라, 어느 장소와 비교해도 부족하지 않다고 생각합니다. 전쟁과 난개발이라는 도시 파괴과정 속에서도, 분명 우리의 도시는 극복을 위해 치열하게 고민했었고, 서서히 걸음마를 떼고 다양한 성과를 만들기 위해 달려가고 있습니다. 이제는 그것을 정리하고 의미를 부여하는 작업도 같이 진행되어야 합니다. 저의 부족한 경험도

도시디자인의 새로운 시도를 하는 누군가에게는 많은 도움이 될 것입니다. 저 역시 그들의 시도를 배우게 될 것이고 우리의 다음 세대는 이 내용을 공유하여 우리보다 더 나은 방식으로 도시를 디자인해 나갈 것입니다.

감사를

이 책은 제가 정리하였지만 참여한 많은 전문가들과 행정 담당자들, 주인공인 시민들이 만들어낸 과정의 역사입니다. 그 모든 훌륭한 분들에게 진심으로 감사를 드리고 싶습니다. 또한 제가 성장하는 과정에서 믿어 주고 같이 도전해 준 많은 분들에게도 감사를 드립니다. 누구보다 저의 가족은 가장 깊은 곳에서 저의 무모한 도전을 지켜주는 힘입니다. 저의 두 딸 수와 준이 컸을 때, 사람이 사람답게 살 수 있는, 사람 사는 도시를 만드는 데 이 아빠가 작은 공헌을 했다는 그러한 말을 꼭 듣고 싶습니다.

살아 있게 해주고, 같이 살아 주고, 같이 도시를 만들어나가는 모든 분들! 진심으로 감사합니다.

2019년 2월

이석현

차례

보이지 않는 안전환경을 위한 재생디자인

수원시 파장동 아이파장 프로젝트

조율

도시재생에서 가장 힘든 일은 관련된 사람들의 의견을 조율하는 것이다. 대다수 사람은 각자의 상황과 조건에 따른 '이해관계'가 있기 때문에 하나의 방향으로 물리적 환경을 조율하는 것은 쉽지 않다. 하물며 2007년 당시만 해도 대다수 지자체 사업에서 주민과의 협의는 공청회 정도의 관례에 그친 경우가 많았고, 참여자들도 협의에 대해서는 서툰 경우가 일반적이었다. 그러다 보니 행정과 전문가 주도로 계획이 추진되거나, 주민 구성원들의 의견이 반영되더라도 일부 특정인들의 의견만이 반영되기 쉬웠다. 또한 물리적 공간 개선이 진행되더라도 지역에 대한 애착이나 긍지, 역사 등에 대한 관점은 개선되기 어려운 상황이었다.

수원시 파장동 파장초등학교의 안전통학길 조성을 위한 도시재생디자인은 그런 측면에서 매우 의미 있는 사례라고 할 수 있다. 파장초등학교 안전통학길 사업은 2013년도 수원시 담당자들이 국토교통부 국토환경디자인 시범사업에 지원하면서 시작되었다. 당시 지자체 자문보다 디자인 사례 추진에 의욕을 가지고 있었던 상황에서, 이러한 계획의 총괄계획가 역할은 개인적으로도 매우 특별한 의미를 가지고 있었다.

국내 대다수의 구도심은 초등학교 주변뿐 아니라 사람이 편하게 걸을 수 있는 보행로가 매우 열악하며, 거리 곳곳에 안전 사각지대가 있다. 그러한 영향으로 치안이나 쓰레기 투기, 쾌적한 공공공간의 부재는 항상 제기되어 온 문제였으며, 이러한 구도심의 일반적인 해결방법은 전면개발을 통한 재개발, 재건축이 주를 이루고 있다.

파장동 역시 초등학교 주변으로 산업도로와 좁은 골목들이 복잡하게 얽혀 있었다. 또한 가로변 주차차량과 후미지거나 경사진 골목길, 유흥가들 사이로 복잡하게 얽힌 통학로, 일렬주차로 인한 사각지대의 발생 등 초등학생들의 통학과 생활에 심각한 안전문제가 제기되고 있었다. 걷기 힘든 보행공간과 교류공간 부족, 쓰레기 투기와 야간 안전환경의 문제도 심각했다. 신도시의 경우 그러한 문제를 어느 정도 해결하고 조성되지만, 구도심에서 그러한 문제해결이 쉽지만은 않으며, 주민들 역시 문제해결을 단념하고 있는 경우가 적지 않았다.

그러한 상황 속에서 쾌적한 보행과 생활안전의 대안 제시는 반드시 필요하였고, 그런 점에서도 파장동의 계획은 충분한 도전 가치가 있었다. 더욱이 수원시와 같이 수도권 대도시의 공간 개선은 다른 도시재생의 대안으로도 중요한 위치를 차지하고 있었다. 기존에도 많은 지역에서 다양한 방식으로 구도심 재생이 시도되었고, 상가

거리나 수변도시 등에서는 어느 정도의 성과가 나타났다. 그럼에도 노후된 주택들과 임대인과 임차인과 같은 복잡한 소유관계, 불법주차와 이면도로의 문제 등이 복잡하게 얽혀 있는 구도심에서 도시재생의 성과는 쉽게 나타나지 않았다. 그런 점에서 전형적인 구도심인 파장초등학교 일대에서 기본적인 성과가 난다면 그 자체로 국내 도심환경 개선에 큰 가능성을 가지게 될 것으로 기대되었다.

구도심 재생사업의 가장 큰 난관은 관련된 사람들의 이해관계가 너무 복잡하다는 점이다. 물론 어느 지역에서는 적극적인 리더가 다양한 이해관계를 원만하게 조정하는 경우도 있으나, 대부분 그와 같은 순조로운 조정은 드물다. 파장동 역시 주민 구성이 학부모와 초등학생들, 교사와 같은 초등학교 관계자들과 초등학교 주변 주민들, 그리고 정문 앞에 조성된 파장시장 상인회 그룹으로 이루어져 있어 각각의 요구와 이해 정도의 차이가 있었다. 이렇듯 구성원이 다양하더라도 협의가 잘 진행된다면 큰 시너지 효과를 가져오지만, 그러기 위해서는 갈등 조정과 같이 넘어야 할 산이 작지 않다. 그러한 모든 갈등의 배경에는 내부의 의견차이와 경제적 이익관계가 자리 잡고 있기 때문이다.

우선 초등학교 관계자들은 학생들의 안전과 같은 교육환경의 쾌적성이 최우선 고려대상이다. 그러나 주민들에게는 영원히 풀리지 않는 숙제인 주차문제와 야간의 생활안전, 보행의 안전문제가 생긴다. 또한 쉴 수 있는 휴식공간의 문제도 중요한 과제가 된다. 다음으로 상인들은 다양한 경로로 고객들이 접근할 수 있는 환경, 물건을 내놓을 공간과 고객들의 주차공간 확보가 중요한 요구사항이다. 서로가 생각하는 지점이 다르면 공간의 쓰임새를 효율적으로 구상하기가 쉽지 않다. 당장 초등학교 후문 옹벽을 따라 주차된 차량들은 초등학생들의 안전을 가장 위협하는 것이지만, 그 공간이 지역주민들에게는 반드시 필요한 공간이다. 또한 정문의 이면도로와 골목의 주차공간 역시 학생들의 안전이 취약한 곳이지만, 상인들과 지역주민들에게는 주차와 물건적치의 요긴한 공간이 된다. 심지어 아침에는 상인들의 물품 배달시간과 등교가 겹치게 된다. 열악한 공간 안에서 다양한 활동이 이루어지는 악순환이 계속되는 것이다. 따라서 효율적인 공간 활용을 위해서는 누군가의 적지 않은 희생이 필요한 상황이 발생하게 된다. 문제는 많은 사람들이 새로운 공간 조성에 따르는 새로운 질서는 기피한다는 점이다.

도시의 디자인에서 지혜를 모아 풀지 못할 문제는 없다. 또한 최적의 디자인은 최적의 과정에서 나온다. 문제는 그것을 풀어나가고자 하는 의지가 있는가이다. 이에 우리는 기존의 주민의견 조정방식을 다소 전환시켰다. 기존의 협의방식이 관계된 모든 이가 모여 아이디어를 내고 조정하는 방식이었다면, 파장동에서는 주민구성의 다양성을 고려하여 주민그룹과 상인그룹, 초등학교 관계자그룹으로 나누어 협의 워크숍을 진행하고, 전체가 다시 모여 의견을 조정하는 방식을 적용하였다. 여기에는 의견 조정을 이끌어나갈 훌륭한 전문가의 섭외가 필요했다. 그 결과, 국내에서 가장 신뢰할 수 있는 두 분과 나, 이렇게 세 사람이 그룹을 나누어 조정하고 다시 모여서 협의할 수 있는 체계가 만들어졌다. 그중 한 분은 이영범 경기대학교 교수인데 인품과 조율능력은 열심히 배워도 따라가지 못할 분으로서 주민들의 의견 조정을 부탁드렸고, 서울시 공공예술감독을 하며 창의적인 아이디어와 운영능력을 가진 박찬국 감독을 상인그룹 조정

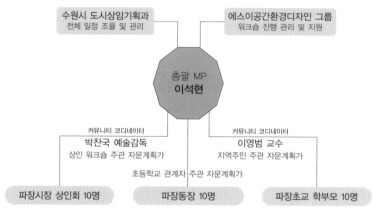

의 내용:

수원시 도시상임기획과
전체 일정 조율 및 관리

에스이공간환경디자인 그룹
워크숍 진행 관리 및 지원

총괄 MP
이석현

커뮤니티 코디네이터
박찬국 예술감독
상인 워크숍 주관 자문계획가

커뮤니티 코디네이터
이영범 교수
지역주민 주관 자문계획가

초등학교 관계자 주관 자문계획가

파장시장 상인회 10명

파장동장 10명

파장초교 학부모 10명

파장동 안전마을 디자인 협의체 구성

자로 섭외하였다. 나는 주로 초등학교 관계자들과 협의를 진행하고, 진행된 의견을 정기적으로 조정하는 역할을 맡았다. 그 후로 모이면 갈등이 증폭되었던 관계가 조금씩 정리되었고, 의견분쟁으로 소비되었던 시간이 절약되어 회의의 효율성도 높아지게 되었다.

도시디자인에서는 사람들과의 협의가 문제해결의 핵심이다. 나보다 더 훌륭한 능력을 가진 사람이 많으면 많을수록 지역주민들에게는 득이 되며 디자인의 성과도 높아진다. 그런 이점을 거부할 이유가 전혀 없으며, 총괄계획가는 그들의 활동기반이 잘 조성되도록 노력하면 되는 것이다. 운이 좋게, 파장동은 능력 있는 분들과 효율적인 과정으로 최적의 결과물을 만들 수 있는 기반이 조성되었다.

사람의 본성은 선하다. 그런데 선한 분위기가 되면 선한 에너지가 나오지만 악한 분위기가 조성되면 악한 에너지가 나와 전반적인 흐름이 악하게 간다. 도시의 디자인에서도 선한 분위기가 유지되도록 비판보다 대안을 제시하는 긍정적인 환경이 조성되도록 이끌어나가는 것이 중요하다. 누구에게는 이득이 되고 누구에게는 손해가 되는 방식이 아닌, 다소 손해를 보더라도 서로가 윈윈하는 방식으로 유도하는 것이 조율자의 책임이다. 파장동 계획에서는 최종 협의 단계까지 많은 갈등이 있었지만, 결론적으로 모두에게 이익이 되는 계획으로 내용이 정리되었다. 물론 그 단계까지는 수원시 담당자들의 노고가 컸으며, 훌륭한 전문가들의 조율과 어떻게라도 이 상황을 극복해 보고자 하였던 주민들의 의지가 중요한 역할을 하였다. 그래서 좋은 사람들과의 만남은 도시의 디자인을 풀어나가는 최고의 무기이다. 사람의 인생이 그러하듯이 도시의 디자인을 해나가는 짧은 기간에서도 좋은 사람들과의 만남은 좋은 것이다. 최소한 스트레스의 양이 줄어들고, 좋은 결과도 기대되니까 말이다. 반대로 분위기를 흐리는 사람들과는 만나는 횟수를 최대한 줄이는 것도 요령이다. 문제는 그것이 쉽게 조절이 안 된다는 것이다.

디자인

파장동 도시재생의 핵심은 구도심에 보행의 연속적인 선을 만들고, 쾌적하고 안전하게 생활할 수 있는 공간을 조성하는 것이다. 이는 오랫동안 이어져 온 도시디자인의 전통에 따라 지역의 거점을 만들고, 개성적인 이미지를 넣는 방식이다. 문제는 현실 속에서는 그러한 계획이 독재가 아니면 잘 진행되지 않는다는 점에 있다.

파장동의 동네구조는 초등학교를 둘러싸고 시장과 노후된 주택지, 유흥가가 있고 더 멀리는 아파트단지가 밀집되어 있다. 아주 특별한 것을 기대하는 사람들의 욕구를 전혀 충족시켜줄 것 없는 그저 평범한 구도심이다. 파장동에 대한 긍지와 자부심을 가진 분들에게는 매우 불편한 이야기겠지만, 우리가 알고 있고 자주 접하고 때로 일부는 탈출하고자 하는 그러한 전형적인 동네이다. 딱 하나 칼국수는 정말 맛있다. 책에 쓰고 싶을 정도로 맛있고 저렴하기까지 했다.

학교 주변은 이면도로에 인접한 구도심 초등학교의 전형적 풍경이다. 담장 주변은 불법주차로 복잡하고, 곳곳에 사각지대가 많아 안전과 가로질서를 찾기 어렵다. 어린이들의 안전을 위한 녹색어머니들의 눈물겨운 노력에 비해 사람들의 반응은 아이를 키워 본 적 없는 사람들처럼 비협조적이며, 특별한 사고가 발생하기 전까지는 예방의 책임으로부터 동떨어진 동네의 구조이다. 그것이 불편함 없이 살 수 있다면 문제가 없지만, 생활 속에 쾌적하지는 않더라도 안

전한 보행로는 기본적으로 제공되어야 하며, 교류의 공간도 필수적이라는 것을 알게 되면 전혀 다른 문제가 된다. 모든 것이 불편해지는 것이다. "이런, 우리 동네가 이렇게 엉망이었다니… 아파트 단지로 이사를 가야겠군…"이라고 하면 할 이야기는 없지만 계속 살아갈 동네의 문제라면 심각한 현실이 되는 것이다.

지역, 장소, 동네의 가치는 경제적인 면만으로 평가하기 어렵다. 따라서 도시의 정량적 평가는 매우 중요하다. 무엇이 필요하고 어떻게 디자인할 것인가를 정하기 위해서도 말이다. 실제로 전문가에게는 더욱 중요하다. 우선 다른 사람들에게 전달할 전문적 내용의 중요한 근거가 되며, 보고서의 설득력을 높이는 데에도 효과적이다. 그리고 이유 없이 디자인을 하는 것보다는 좀 더 공감을 얻을 수 있다. 그러나 정확히는 전문가의 막연한 상상력만으로 진행되는 계획을 막고 지역에 밀착된 디자인을 만드는 데 도움이 된다.

이러한 다양한 분석과정을 거쳐 디자인 방향은 정리되었고 문제도 명확해졌다. 첫번째 목표는 보행의 선을 만드는 것이다. 주민들이 평소에 편하게 걸어다닐 수 있는 보행공간을 만들어야 한다. 둘째로는 초등학생들의 동선에 사각지대를 없애는 것이다. 빈틈없이. 초등학생이 차량 뒤나 후미진 골목에서 추행을 당하고 힘 없는 어린 아이들이 돈을 빼앗기는 시간은 몇 십 초면 충분하기 때문에 시선이 차단된 공간을 없애고, 그에 맞는 대안을 제시해야 한다.

다음으로 사각지대를 없애야 한다. 이를 위해서는 주차문제의 해결이 필요하다. 당연히 주민들과의 험난한 협의가 예상된다. 주민들에게 주차공간의 확충은 필요할 것이고, 주차공간과 아이들의 안전은 대립될 것으로 예상된다. 우선 의견을 모아 아이들의 삶과 보행공간의 중요성을 설득해 나가는 과정이 필요하다. 우리는 위험한 환경에서 살았더라도 자라나는 새싹들을 위해서는 좀 더 안전한 주거환경을 만들어야 하지 않겠는가. 그래도 협의는 어려웠고 논란은 계속되었다. 일부 주민들은 주차공간의 요구에 대해서는 전혀 양보 의사가 없었다. 이럴 때는 무엇이 우리에게 유익하고 가치 있는가로 대화의 시선을 돌려야 한다. 즉, 모든 사람들이 중요하게 생각하는 접점을 찾는 것이다. '두 사람의 머리는 한 사람의 머리보다 낫다'라고 한 호메로스의 명언처럼, 개인의 한계는 분명히 존재하기 때문에 공유할 수 있는 사람과 합일점을 찾고 의지를 모으면 더 큰 그림을 그릴 수 있다. 그 중심이 접점이며 그것을 찾으면 공감의 크기도 커진다. 그것이 파장동에서는 보행공간의 확보를 통한 지역가치의 상승과 방문객의 발걸음을 늘여 나가는 것이었다. 그렇기에 보행공간의 연속성은 더욱 중요하다. 그 결과, 다음과 같은 마스터플랜이 그려졌다.

우선 전체의 콘셉트는 아이파장, 즉 아이들의 시선으로 안전한 파장동의 마을디자인으로 하였고, 주된 디자인 방향은 초등학교 주변의 보행로 확보, 지역주민의 휴식과 간접감시를 유도하기 위한 사각지대의 오픈스페이스 확보, 시장의 활성화와 거리 곳곳의 공간디자인 개선, 아이들과 노약자들의 휴식과 교류를 위한 거점공간의 확보로 하였다. 그러나 무엇보다 중요한 것은 안전한 도시의 구상에 있어 CCTV에 의존하지 않고 보행 쾌적함의 영역성을 가진 도시공간의 구현에 있었다. 사실 이것은 파장동 도시디자인의 시작이자 모든 것이라고 해도 과언이 아니다.

모든 디자인 해법 역시 현장의 조건에서 나온다. 파장초등학교 주

안전공간	공유공간	소통공간
Safety urban design	Shared urban design	Community urban design
교통정온화 기법과 공간활성화를 통한 안전확보	공공공간, 거점의 다양한 사용자의 복합사용으로 문화형성	기능 위주 거점 인프라 공간에 커뮤니티 기능 부여
안전보행지수 향상	다양한 사용주체 고려	주민중심 공간구성
안전한 등하굣길 조성 걷고 싶은 산책길 조성 학교, 공원 주변 자연감시 강화	커뮤니티 공간의 다양한 복합사용 마을의 효율적 주차공간 확보 주민 참여/관리형 공간구성	주차 등 인프라 공간에 서비스공간 융합 주민의 문화 커뮤니티 공간 활성화 오픈 커뮤니티 스페이스 구성

디자인 전략

변은 구간 전체가 교통사고와 안전사고에 노출되어 있다. 많은 구도심이 가진 이러한 고질병은 심각하게 생각하면 너무나 스트레스를 받기 때문에 대다수 그다지 의식하지 않고 생활하게 된다. 그리고 사고가 나면 운전자의 잘못보다는 보행자의 부주의로 돌리는 경우가 많다. 그러나 실제로는 그러한 사고 대다수는 일어날 환경이 조성되어 있기에 일어나는 '환경적 요인'이 가장 크다.

우리는 이러한 사고환경의 문제점을 초등학생들의 시점에서 다각도로 살펴보고, 때로는 지역주민의 시점에서, 때로는 상인의 시점에서 찾아나갔다. 10번이 넘는 워크숍과 설문조사를 통해 사고구간과 위험요인이 어느 정도 정리되었고, 해법도 정리되었다.

그리고 보행의 공간 흐름을 만들어 자연스러운 시각의 개방성을 유도하는 방법과 거점을 활성화시켜 사람 간의 교류로 공간의 유대감을 높이는 방법, 열린 공간에서의 다양한 활동을 유도하여 쾌적한 공간의 영역성을 구축하는, 이곳만의 대안을 제시하였다. 그리고 다음과 같은 구상도가 그려졌다.

그러나 어렵게 만들어진 초창기 계획안은 행정에게도, 주민들에게도 그다지 환영받지 못했다. 행정이나 주민들은 CCTV와 같이 보

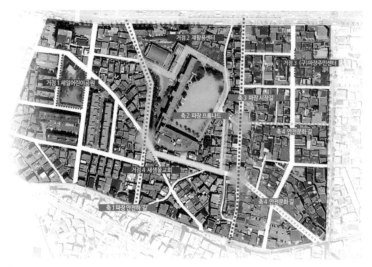

구상계획

다 명확히 눈에 보이는, 그리고 손이 덜 가는 감시수단을 지속적으로 요구하였다. 동시에 지역의 다양한 요구조건이 나오며 갈등이 본격적으로 시작되었다. 주민들은 주로 주차공간의 확충을 요구하였고, 상인들은 상권 활성화를 위한 대안을 요구하였다. 이 계획의 원점이었던 아이들을 위한 안전한 공간과 보행공간 조성을 통한 지역의 쾌적한 환경 조성, 그리고 이를 바탕으로 한 영역성과 간접감시를 통한 범죄예방환경 구축은 이미 많이 희석되어 있었다. 어느 정도 예상된 상황이었지만 다시금 주민들과 이 계획에서 주안점이 무엇이고, 장기적으로는 어떤 도시환경이 더 개성적이면서도 안전한가에 대한 논의를 이어나갔고, 결과적으로 다음과 같은 마스터플랜으로 계획이 정리되었다.

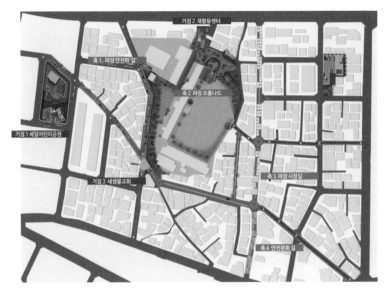

1차 마스터플랜

조율

사실 이러한 계획 추진이 쉽지 않았던 것은, 서울시 염리동 소금길과 같이 그 당시 추진되었던 범죄예방디자인이 거의 벽화와 인지성이 강한 사인을 통해 즉각적인 호기심을 불러일으키는 방법이 주를 이루고 있었기 때문이었다. 이 방법은 흥미롭고 시선을 끌기도 좋아 허름한 거리를 빠르게, 그리고 최소의 비용으로 개선하여 대다수의 행정과 주민들이 선호하고 있었다. 사회적으로 이슈를 만들기도 좋았다. 한정된 시간과 비용으로 안전 홍보를 위한 좋은 대안이었고, 많은 지역(실제로는 거의 대다수가)이 유사한 방법으로 안전디자인을 추진하였다. 재미있는 점은 그러한 디자인으로 개선사업을 추진하면 어김없이 노란색으로 물든 비슷한 동네가 되어간다는 점이다.

이에 비해 파장동에서는 물리적 공간구조를 건드려서 가로의 선을 이어나가는 방식을 적용하였고, 각 공간에서 주민행동을 유도하여 간접감시의 범위를 넓히고자 하였다. 이러한 보이지 않는 사람의 끈을 이어나가는 방식은 전례도 없어 모든 이에게 쉽게 공감을 얻기 어려운 측면도 있었다.

그러나 오랜 대화 끝에 학부모와 상인 측에서 긍정적인 반응이 나타났다. 그리고 주민들 속에서도 이해하는 사람들이 늘기 시작하였다. 그 배경에는 적극적으로 대화를 이끌어나갔던 두 분의 전문가와 행정 담당자의 노력도 있었지만, 모든 이들이 원원할 수 있는 조성방안의 영향도 컸다. 모든 도시의 디자인에는 디자인의 이유와 혜택을 받는 사람들이 있어야 한다. 같은 장소에 사는 이유만으로 자신에게 이익도 없고 이해할 수 없는 계획에 공감을 보내는 사람은 많지 않다. 따라서 모든 사람들에게 디자인이 어떤 가치를 가지는가에 대해 공유를 해야 하고, 공유된 내용이 디자인에 최대한 반영되어야 한다. 그러나 단기간에 모든 사람들이 그러한 성과를 공유하기는 어렵다. 도시의 변화를 예측하고 그로 인한 가치를 경제적으로 환산하기가 쉽지 않기 때문이다. 따라서 이 모든 계획내용은 면밀히 검토되어야 하고, 전문가들과 행정 담당자들은 시간이 걸리더라도 지역구성원들과 그 내용을 조율해 나가야 한다.

파장동의 마스터플랜은 내가 주도하였지만, 결과물은 모든 사람들의 의지와 지역에 바라는 지향이 담긴 결과물이라고 할 수 있다. 시장거리의 재생은 시장거리의 활성화와 연관이 있고, 후문 주변의 안전한 보행로와 휴게공간의 조성은 초등학생들과 학부모들의 안전

공동워크숍 시장상인과 초등학교 관계자, 지역주민이 각각 워크숍을 진행하고 정기적으로
모두 모여 의견을 조율하는 방식으로 효과적인 내용 조율이 가능해졌다

과 교류에 초점이 맞춰져 있다. 구도심에 보행로를 조성하고 사각지
대와 은폐된 곳이 없는 공간은 주민들의 쾌적한 생활공간과 연관이
있다. 이러한 교류공간의 조성은 주민의 연대와 교류를 강화하여 삶
의 수준을 높이게 될 것이다. 이 모든 것이 연계되어 구도심에 새로
운 가치를 부여하고, 결과적으로는 자동차로 인해 보행안전이 위협
받는 상황에서 파장동을 쾌적한 구도심으로 만들 것이다.

　동시에 조성된 후에 각 공간에서 어떤 행위가 가능한가에 대해서
도 토론이 진행되었다. 그 결과, 초등학교 주변공간은 어린이 학습
공간 조성과 운영방안이 제시되었고, 시장상인과는 안심통학로 및
시장활성화에 대한 개선방안이 도출되었다. 거리 전체에서는 주민
과 같이 만들어나가는 거리조성방안이 최종적으로 제시되었다. 부
족한 주차공간의 대안으로는 세일어린이공원에 지하주차장을 조성

하고, 상부에 생태학습공간을 마련하자는 의견으로 정리되었다.

물론 이 모든 협의과정이 쉽지는 않았다. 상인과 주민, 초등학교 관계자 등 참여주체별로 의견대립이 많았고, 갈등의 골도 깊어졌다. 행정 내부에서는 추진절차와 협의대상에 대한 의견대립이 있었고, 주민 내부에서는 어린이의 안전보다 주차공간 확충에 대한 요구가 많아 보행로 조성에 대한 협의에 적지 않은 어려움이 있었다. 학교 측에서는 학교 옹벽의 보행로 조성에 난색을 표하고 있었다. 시작 단계에서는 어린이의 눈높이에 맞는 안전환경의 조성을 당부했지만, 실제로는 자신들의 이익을 앞세우고 있었다. 최종 단계에서는 많은 부분에서 공감대가 형성되었고, 최종 계획안에 대해 대다수가 동의하게 되었다. 그 배경에는 어린이들의 통학안전을 걱정하는 학부모들의 강한 의지와 주민들의 생활환경 개선의 희망, 지역과 상가의 활성화를 기대하는 상인들의 암묵적인 동의가 있었다. 그렇지만 무엇보다 이번이 아니면 이 동네에 쾌적함과 안전을 가져올 기회가 없을 수 있다는 구성원 모두에게 감춰진 절실함도 있었을 것이다.

결실

이렇게 힘겹게 만들어진 디자인은 기존의 범죄예방디자인과 다른 점이 몇 가지 있다.

우선 CCTV에 대한 계획이 없다. 여기서 안전은 철저하게 사람들의 움직임과 시선의 개방감으로 확보되도록 하였다. 파장초등학교 주변은 일렬주차된 이면도로의 골목이 많아 사각지대가 곳곳에 산

재해 있다. 이곳에서는 언제 사고가 나도 이상하지 않으며, 특히 사고대비에 취약한 어린이의 경우 다양한 사고에 심각하게 노출되어 있다. 이런 환경을 구조적으로 변경하여 모든 공간이 시선에 노출되도록 개방하지 않으면 근본적인 안전은 확보되기 어렵다.

둘째로 사인에 의지하던 차량의 속도저감은 도로의 선형을 변경하는 방법을 적용하였다. 특히 학교 후문의 주차공간은 시케인(Chicane) 기법을 사용하여 직선도로를 곡선형 도로로 변경하고, 확보된 공간에 보행공간과 휴게공간을 조성하였다. 이를 통해 차량 사이의 엄폐된 공간이 없어지고 주민과 어린이들이 안전하게 걸을 수 있는 공간이 확보되었다. 또한 각 골목과 길이 이어지는 교차점에는 휴게공간을 만들어 학부모들이 쉬면서 어린이들을 기다릴 수 있고, 자연스럽게 주민소통이 가능한 구조로 계획하였다. 이러한 도로구조는 학교 위 높은 지대에서 내려오는 차량의 속도를 자연스럽게 저감시킬 수 있으며, 곡선도로의 여유 공간에 2, 3대씩 주차공간을 마련하여 주차문제도 어느 정도 해결할 수 있다.

또한 학교 후문의 담장을 허물고 보행로 중간에 휴식공간을 조성하여 자연스럽게 사방으로 사람들의 시선이 확보되도록 하였다. 이를 통해 보행로 전체가 넓어지고 휴게공간이 조성되어 주민들에게는 24시간 안전하게 걸을 수 있는 공간이 조성될 것이다. 이렇게 삭막했던 곳이 안전함과 쾌적함, 그리고 녹음이 어우러진 공간으로 된다는 것은 구도심에 있어 놀라운 변화이다. 우리는 차가 중심인 이면도로에 대해 너무나 관대하다. 그러한 관대한 자세는 결국 구도심의 환경을 열악하게 하였고, 아파트가 아니면 대안이 없다는 식의 결론으로 이어지게 된다. 결국 우리는 구도심에서도 일상의 보행공간과 휴식공간의 조성이 가능하다는 것을 이 계획에서 제시하고자 한 것이다.

세 번째로 지역 전체를 연결하는 보행 네트워크가 조성되도록 계획하였다. 우리나라 사람들의 지극한 아파트 사랑의 배경에는 편리하고 안전한 주거환경의 바람이 있다. 안전한 보행로는 거리를 쾌적하게 만들고 사람을 유인하는 좋은 요소이다. 청계천 사례를 보더라도, 차에 방해받지 않는 도심 속의 산책로가 얼마나 사람들의 삶을 풍요롭게 하는가를 볼 수 있다. 비단 해외의 좋은 도시와 청계천의 사례를 들지 않더라도, 최근 조성된 차 없는 거리가 차량 중심 가로보다 활성화되고 쾌적해진 것을 어렵지 않게 볼 수 있다.

이러한 생각으로 사람들이 파장초등학교 주변을 산책로로 사용할 수 있도록 보행로를 동일한 소재와 패턴으로 개선하고 동선을 연결하였다. 물론 이 계획이 완성되기까지는 기본적인 도로공사 외에도 주민들의 자발적인 공간개선 노력이 따라야 한다. 이렇게 힘들게 만든 공간이 잘 활용되고 관리되지 못하면 또 다시 이전의 복잡한 가로로 되돌아갈 우려도 크다. 안전도 중요하고 편의성도 중요하지만, 경관적으로 지역에서 가치 있는 풍경을 지속적으로 만드는 것도 중요한 과제이다. 편하게 걸을 수 있고 교류할 수 있는 공간에서는 자연스럽게 안전이 확보되고 일상에서의 쾌적함도 높아진다. 도시의 디자인은 섬세한 배려의 장치를 고안하는 과정이라고 할 수 있다. 거리 곳곳에 편하게 걸을 수 있도록 장치를 만들고 풍경을 만들어나가면 자연스럽게 지역에 대한 애착과 믿음은 상승되게 된다. 이것이 '깨끗하게 하시오' 등의 백 마디 문구보다 큰 효과를 가져온다.

파장동의 기존 보행로는 자동차나 물건에 의해 막히기 일쑤였으며, 자동차가 우선시되어 주민이나 방문객, 특히 어린이들이 안전하게 생활하기 어려운 환경이었다. 이에 우리는 파장초등학교 주변부터 비교적 차로부터 안전하게 돌아다닐 수 있도록 계획하였다. 거기에 동네 자체의 고즈넉한 분위기가 연출되도록 경관정비도 진행하였다. 여기에는 주로 바닥소재를 통일시키고 자연소재를 적용한 시설물 디자인, 녹지공간의 조성 등이 주가 되었다. 기존 파장시장이라는 구도심의 매력요소에, 주택가와 초등학교 주변 보행로 조성과 함께 파장동의 경관 이미지에 큰 변화를 이끌도록 한 것이다.

후문공간의 조성 이미지 직선 도로가 나선형이 되어 차량의 속도를 자연스럽게 저감시키고 안전한 보행공간을 조성하였다.

이러한 계획은 단기간에 공적자금만으로 추진하게 되면 주민 참여의식의 저하로 이어지고, 결국 이전의 상태로 돌아갈 가능성이 크다. 이러한 점을 고려하여 거리 곳곳에는 물리적 공간 조성과 함께 주민과 같이 조성하는 공간도 계획하였다. 이러한 공간은 튼튼하지 않을지라도 주민 스스로 거리 쉼터와 화단을 만들 수 있어 거리를 걷는 쏠쏠한 재미를 더하게 될 것이다. 또한 지역에 대한 주민의 애착심 상승효과도 기대할 수 있게 되어, 향후 유지관리의 지속성도 높아질 것이다.

파장초등학교 남측의 공간개선 이미지 차량으로 좁고 위험한 거리에 쉼터와 고령자를 위한 소통의 공간을 조성하였다

네 번째로, 파장동 곳곳에 교류와 체험, 문화를 성장시킬 수 있는 공간을 배치하였다. 도시는 물리적 환경만으로 사람들의 삶을 풍요롭게 할 수 없으며, 곳곳에 문화와 교육을 위한 공간이 있어야 내적으로 성숙할 수 있다. 기존의 파장동은 파장시장 이외에는 갈 곳도, 편하게 걸을 곳도, 무엇인가 교육하고 쉴 곳도 절대적으로 부족한 곳이었다. 이는 국내 구도심이 전반적으로 가지고 있는 문제점으로,

파장시장의 공간개선 이미지 바닥 패턴을 통일시키고 상부에 캐노피를 특화시켜 간판이 주는 복잡함을 저하시키고 통일감과 흥미로움을 높여 냈다

주택 공급에만 신경을 쓰다 보니 일상생활에서 요구되는 휴식과 문
화공간을 고려하지 못한 결과이다.

　이러한 문제 해결을 위해 파장동에는 4곳의 교류공간과 체험공간
을 배치하였다. 우선 기존 세일어린이공원에는 어린이 생태체험학습
장을 조성하였는데, 서측이 높고 동측이 낮은 파장동의 지형적 조건
을 이용하였다. 세일어린이공원이 위치한 곳은 서측의 높은 언덕부
분인데 이상하게도 공원만 낮은 곳에 조성되어 있었다. 이러한 점을
고려하여 전체적으로 공원을 높이고 낮은 부분에는 주민의 주차편
의를 높이기 위한 공영주차장을 계획하였다. 이는 부족한 초등학교

파장시장 뒷골목의 개선 이미지　주차공간을 없애고 휴게공간과 쾌적한 보행로를 주민참
여 방식으로 조성한다

옹벽부 최종 설계안

사랑 느티쉼터 (중간 결절부) 최종 설계안

세일어린이공원 계획안 낮은 공원의 지형을 이용하여 기존의 공원에 지하의 주차장을 배치하여 주민의 편의성을 도모함과 동시에 어린이 생태체험학습공간을 배치하였다

주변 주차공간 확충에도 도움이 되고, 조성된 공원에서는 어린이들이 자유롭게 휴식과 생태체험을 하게 될 것이다. 또한 방과후 딱히 갈 곳이 없었던 어린이들의 안전한 놀이공간이 조성되고, 주야간에 사용 가능한 주민들의 편안한 쉼터의 확보가 기대된다.

그 외에, 학교 북측 출입구에 생태학습체험장과 고령자들을 위한 공간, 구 주민센터 부지를 활용한 주민교류공간 등을 조성하여 동네 전역에서 다양한 교류와 체험, 문화활동이 가능하도록 하였다. 물론 이 모든 곳이 순조롭게 조성되기는 어려울 것이며, 무엇보다 예산 확보가 쉽지 않을 것으로 예상된다. 그럼에도 파장동을 도시다운 곳으로 만들기 위해서는 위와 같은 요소들은 필수적이며, 마스터플랜에 배치와 디자인, 활동내용을 명확히 제시하여야 장기적으로 이 미래상이 점차 구현될 것이다.

마지막으로 도시의 이미지를 만들기 위한 시설물의 디자인과 색채를 통일해서 적용하였다. 이것은 자칫 과하면 거리의 풍경을 이상하게 만들 우려도 있었으나, 초등학교 주변이라는 점과 산만한 거리 이미지 정리를 위해서도 필요하다는 의견이 많았다. 이에 어린이들에게 안전한 파장동이라는 의미를 담아 '아이파장'이라는 브랜드를 제시하였다. 거리의 방향사인과 종합안내사인, 학교 주변의 시설물 등에 적용될 이러한 브랜드는 파장동이라는 동네를 알려나갈 중요한 요소로 자리 잡게 될 것이다. 또한 초등학교 동측의 통학환경을 저해했던 유흥가 구역에는 바닥유도사인을 통해 복잡한 통학로를 정리하였다.

또 다른 어려움과 희망

이렇게 길고 긴 3년이라는 시간을 거쳐 계획안이 완성되었지만, 실제로 구현되기까지는 10년 이상 소요될 것으로 예상된다. 그 기간 동안 어린이들을 위한 안전한 도시 구축이라는 초기의 신념은 많이 흐려질 것이고, 현실과 부딪치면서 계획안이 예상치 못한 방향으로 변경될 가능성도 크다.

실제로 정부 지원사업으로 선정되자 많은 곳에서 기존의 어린이들을 위한 계획보다는 지역의 숙원사업을 추진하려는 움직임도 나타났고, 계획안에 대한 불만을 요구하며 자신이 속한 구역 개선의 요청도 늘어났다. 심지어 행정과 전문가 그룹 간의 이견도 커졌으며, 교육청과의 공간 조성에 대한 협의도 난항을 겪게 되었다.

그럼에도 어린이들을 걱정하는 학부모들의 의지가 결과적으로 기존의 계획안 유지를 이끌었다. 글로 담을 수 없을 만큼 많은 이견과 충돌이 있었지만, 그것도 디자인의 한 과정이다. 다행히 최적의 안으로 정리된 것은 학부모들과 함께 지속적으로 토론하고 설득한 계획주체들의 보이지 않는 노력의 결과일 것이다. 서두에 밝혔듯이 도시가 디자인되고 실제로 구현되기까지는 많은 사람들의 힘과 노력이 필요하다. 그러기에 과정이 중요하고 서로가 협력하여 이견을 좁히고, 디자인의 수혜를 입는 주민을 위한 방향으로 집중해 들어가는 것이 중요하다.

파장초등학교 학생들과의 거리문화 키우기 워크숍

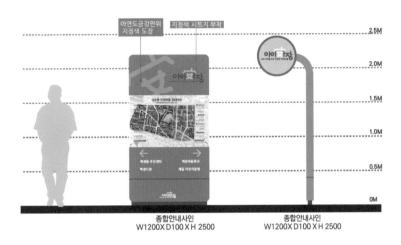

아연도금강판위
지정색 도장

지정색 시트지 부착

2.5M

2.0M

1.5M

1.0M

0.5M

0M

종합안내사인
W1200 X D100 X H 2500

종합안내사인
W1200 X D100 X H 2500

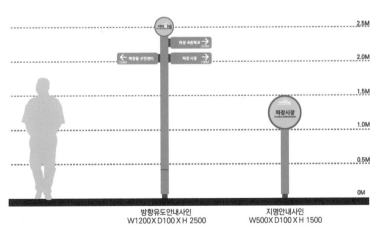

2.5M

2.0M

1.5M

1.0M

0.5M

0M

방향유도안내사인
W1200 X D100 X H 2500

지명안내사인
W500 X D100 X H 1500

아이파장의 시설물 계획안 지역 전체의 이미지 통일을 위해 안전 이미지의 그린컬러를 베이스로 계획되었다

사람은 공간을 만들고 공간은 사람을 키운다

　우리는 외부의 위협으로부터 보호받기 위해 도시공간을 만들고, 그 속에서 문명을 키워 왔다. 그 도시가 때로는 긍정적, 때로는 부정적 영향을 미쳤지만, 많은 인구와 조건을 수용하는 과정에서 더 정교해지고 미적으로 세련되어 졌으며 심지어 기술적 진보를 가져왔다. 그로 인해 우리는 현대화된 도시에서 이전에 누리지 못했던 풍요로움을 누리고 있으며, 사회적 다양성을 포용하기 위한 새로운 시도도 하고 있다. 하지만 그러한 도시공간이 자연을 훼손하고 사람들 간의 벽을 높여 다양한 격차를 만들고 있다는 신호에도 귀를 기울여야 한다. 분명 사람이 도시라는 문명과 문화를 만들었지만, 역으로 그 도시공간이 사람의 삶을 키우는 자양분이 된다는 것도 분명하다. 이 도시공간을 어떻게 디자인하고 관리하는가에 따라 우리의 삶은 더욱 풍요로울 수도, 불행할 수도 있는 것이다. 따라서 우리는 구성원들의 삶에 부합되는 정교한 공간을 만들기 위해 끊임없이 노력해야 한다. 그런 측면에서 최근의 도시개발에서 양적 공급에 치중하는 양상은 사람과 문화를 공간에서 소외시키는 불행한 결말로 이어질 우려가 크다. 물론 편하고 쾌적한 곳이 좋은 도시라는 점을 부정한다는 의미와는 다르다. 그럼에도 신도시뿐만 아니라 구도심에서도 사람들의 삶에 요구되는 최소한의 생활환경과 정체성은 전제조건이 되어야 한다. 그래야만 우리뿐만 아닌 후손들도 그 안에서 사람다운 삶을 누릴 수 있게 되고, 다음을 생각하게 될 것이다.

　그런 점에서 파장동에서 진행한 우리의 도전은 이전 세대가 낳은 열악한 공간의 과제를 해결하고자 한 시도였고, 어느 정도 대안을 제시했다고 생각한다.

 2018년 초반이 되어서야 전체 계획의 25% 정도인 후문 주변의 공사가 완료되어 주민들에게 개방되었다. 쾌적하게 조성된 보행로에서 등하교를 하는 어린이들과 편안하게 쉬고 있는 주민들을 보면 우리의 초기 의도가 절대 틀리지 않았음을 확인할 수 있었고, 계획 변경의 유혹에 맞선 것에 대한 긍지를 가져오게 한다.

 이제 어린이들은 안전한 보행로와 열린 공간 속에서 걷고 생활할 수 있게 될 것이다. 두려움에 떨던 공간이 아닌 편안하게 집으로 돌아갈 수 있는 지극히 당연한 도시 속에서의 권리를 찾게 될 것이며,

주민협의체의 원탁회의 이 속에서 계획을 조정하고 협의하였다

파장초등학교 문화워크숍에서 어린이가 그린 안전한 동네

주민들도 본인이 낸 세금만큼 걷기 편하고 쾌적한 도시 속 삶을 영
위하게 될 것이다. 우리가 생각하고 기대하는 것은 그들이 찾게 될
도시 속에서의 당연한 권리이며, 그 만큼 그들이 더 질 높은 삶을 누
리며 좋은 생각을 가지는 것이다. 그리고 그렇게 만들어진 공간들은
아이들을, 주민들을, 상인들을, 찾아오는 방문객들을 더 좋은 생각
과 경험으로 인도하게 될 것이고 키워 나가게 될 것이다.

　다행스럽게 지금 조성된 공간에는 주민만이 아닌 수많은 지자체와 전문가들의 답사가 이어지고 있고, 그동안의 성과를 인정받아 2018대한국토대상 국무총리상을 수상하는 영예도 안았다. 이제 우리는 제2, 제3의 파장동을 기대하고 더 넓게 확산되길 기대한다. 그러한 구도심에서의 안전하고 쾌적한 삶이 시민이 누릴 당연한 권리이기 때문이다.

파장동 아이파장 프로젝트 최종결과

계획기간 2014년 ~ 2016년   **시공기간** 2017년 ~ 2019년 (현재 1단계 완료)

기본설계·실시설계 에스이공간환경디자인그룹, 나무 엔지니어링

지원기관 국토교통부   **사업시행** 수원시청

자문 이영범 경기대학교 교수, 박찬국 예술감독

수변 전원마을의 도시재생디자인

광주시 수청리 수변재생디자인

자연을 존중하는 디자인이란

　모든 공간에는 주인공이 있고 배경이 있다. 사람이 무엇인가를 주목하게 되면 그 부분이 자세히 보이고 주변은 희미하게 된다. 그러다 또 다른 무엇인가에 집중하면 그 외의 다른 부분은 희미하게 되어 공간의 배경이 된다. 이로 인해 경관을 디자인할 때는 경관특성에 따라 무엇이 주인공인가를 정해야 하고, 그에 따라 구조물과 건축물 등의 디자인 방향을 정하는 것이 원칙이다. 최근에는 문화와 관습, 이웃관계, 공동체 등의 비물리적인 요소의 중요성도 커지고 있다. 이처럼 도시디자인에서는 보다 다양한 관계를 고려한 계획이 필요하다.

　이전에 추진된 많은 도시디자인에서는 이러한 장소와의 관계성보다 시각적인 상징성과 차별성을 강조하던 경향이 강했다. 그로 인해 많은 도시공간이 유사해지거나 구성요소들의 자기 주장이 강해

春　夏

秋　冬

수청리 나루터　사계절 아름다운 자연의 풍경을 가지고 있다

져 경관의 불균형과 장소성의 저하가 빈번하게 나타났다. 이러한 문제의 배경에는 무분별한 도시개발과 흐트러진 도시풍경을 성급하게 개선하려고 한 조급증도 크게 기여했다.

　자연공간도 이와 크게 다르지 않은데, 국내 대다수의 산과 강 주변에는 식당과 숙박업소가 난립해 있는 것이 별로 특이하지 않는 풍경이며, 무허가 시설과 쓰레기로 몸살을 앓는 곳도 적지 않다. 우리는 기본적으로 자연경관을 소중히 여기고 그러한 풍경을 후손에게 잘 보존하여 물려주고자 하는 의식이 부족하다는 말도 크게 틀린 것은 아닌 것 같다. 그것은 민간의 영역에서도, 공공의 영역에서도 크게 다르지 않다. 그렇기에 4대강사업과 같은 대규모 자연경관의 훼손을 가져오는 사업도 가능했을 것이다. 분명 우리 모두는 현재와 같은 많은 자연경관과 문화경관의 훼손에 동참한 공범이라고

수청리 원풍경 수려한 자연풍경과 조화된 주택을 찾아보기가 힘들다

경주 양동마을 이전의 고즈넉한 풍경은 없어지고 영화의 세트장과 같은 부자연스러운 풍경
이 되어 버렸다. 진입공간도 마치 영화 세트장의 진입부 같이 디자인되어 아쉬움을 준다

경기도 일대의 개천변 점포 무허가 점포가 하천변에 영업을 하는 풍경은 우리에게는 매우 일상적이다

할 수 있다.

　이러한 폐해를 가장 많이 입은 곳이 자연풍경이 아름다운 곳과 역사문화적인 풍경이 남아 있던 곳임은 두말할 여지가 없다. 4대강 사업은 자연을 훼손시킨 대표적인 사례였지만 그 외에도 자연 그대로 아름다운 공간을 획일화시키거나 혼란스럽게 만드는 경우가 빈번하다. 특히 물과 관련된 수변도시들의 피해가 심각하다. 당연히 주인공이 되어야 할 자연풍경이 존중되기보다 시설물과 구조물이 더 눈에 띄며, 공장이나 축사가 풍경의 주인공이 되는 경우도 자주 접한다. 심지어 많은 사람들은 그러한 풍경이 우리나라다운 풍경이라고까지 이야기한다. 그리스에는 산토리니와 같은 아름다운 풍경이 자연스러운 풍경이고, 우리는 이러한 복잡한 풍경이 자연스러운 풍경이라고 하는 것이다. 가까운 일본도 혼란스러운 수변풍경이 적지

일본 나오시마 차분하고 안정된 주택이 수변에 안정감을 더해준다

않지만 바다나 강이 보이는 대다수의 도시는 안정된 풍경을 보이고 있다. 일본의 도시 역시 70년대와 80년대 개발시기에는 우리보다 더 혼란스러운 풍경이었으며, 장기간의 개선을 통해 지금의 풍경을 만든 것을 생각해보면 복잡한 풍경이 우리나라답다는 말에는 동의하기 어렵다. 80년대부터 가이드라인을 제정하고 수변 공장과 창고의 디자인을 관리하여 지금의 매력적인 풍경을 만들어온 요코하마나 고베와 같은 대도시를 보면, 우리의 수변 역시 원래 경관이 그렇다는 말은 적합하지 않다. 오히려 수변을 바라보는 관점을 바꾸고, 지금이라고 꾸준한 개선을 통해 물이 주인공이 되는 경관을 조성해야 한다. 그것도 기존의 풍경을 전혀 알 수 없도록 만드는 개발이 아닌, 자연의 지형과 기억을 살리는 방식으로 말이다. 이러한 관점은 바다 주변만이 아니라 강과 하천과 같은 곳도 마찬가지이다. 모든 자연공

요코하마 수변 공장과 창고 건물의 디자인을 30년 이상 관리하여 지금과 같이 안정된 수변경관을 조성하였다

캐나다 밴쿠버 다운타운의 스카이라인 자연공간과 어울리는 도시의 스카이라인과 건축물은 자연을 존중하는 그들의 철학이 잘 반영된 결과물이다

간에서 자연이 주인공이 되고, 물리적인 구조물과 건축물은 눈에 거슬리지 않는 안정적인 디자인이 기본 인식과 원칙이 되어야 한다. 캐나다 밴쿠버와 같은 수많은 수변도시는 원경의 스카이라인을 고려하며 자연을 존중하는 개발의 가능성을 충분히 보여주고 있다.

자연의 선물, 수청리의 풍경

  수청리 경관계획은 국가 지원사업에 신청하면서 시작되었다. 하지만 수청리가 계획 대상지가 될 수 있었던 배경에는 이전의 4대강 사업에서 이 일대만 제외된 영향이 컸다. 지금 와서는 운이 좋았다고 할 수 있었는데, 광주시 남종면 일대의 수려했던 수변은 4대강사업으로 인공적인 경관으로 변하고, 수청리 일대만 제외되어 본래의 수변 지형이 유지되고 있었다. 오래전 이 일대는 자연스러운 모래톱이 있던 하천이었다가, 1973년 팔당댐을 만들면서 수몰된 지역에 선착장이 만들어지고 지금의 마을이 형성되었다. 따라서 지금의 마을이 있던 곳이 이전에는 산중턱이었으며, 지금의 풍경도 이전에 비하면 많은 변화를 겪은 것이다.

  수청리는 마을 앞으로 흐르는 강줄기가 맑고 푸르러 오래 전부터 '푸르레여울'로 불리울 정도로 뛰어난 풍경을 자랑하던 곳으로서 1914년 일제 강점기에 지금의 수청리로 불리게 되었다. 1700년대에는 겸재 정선의 '녹운탄'의 배경이 될 정도로 뛰어난 수변경관을 자랑하던 곳이었으며, 오랫동안 개발제한구역으로 지정되어 지금의 풍경이 유지될 수 있었다. 역사적으로도 여운형 선생의 부친이자 조

겸재 정선의 녹운탄

수청리의 입지 북한강과 남한강 유역에 위치하고 있으며 묘하게 교통이 불편하여 자연풍경이 잘 보존되어 있다

선후기 숙종 때 문신이었던 여성제 선생의 생가터와 묘비가 있는 상징적인 곳이다.

지금은 마을 곳곳이 주택과 시설물, 구조물의 난립으로 어수선한 경관이 되어 있지만, 아직까지 500년이 넘은 느티나무가 있는 수려한 풍경의 나루터가 남아 있다. 또한 마을 안쪽에는 수도권에서는 보기 드문 계단식 논, 즉 다랭이 논이 남아 있으며, 뒷산 중턱에는 500년 넘은 소나무도 잘 보존되어 있다.

이 마을에는 또 하나의 매력적인 요소가 있는데, 마을 안쪽 길을 따라 낮은 언덕을 넘어가면 멀리서는 보이지 않던 계단식 논 사이로 산책로가 이어져 있고, 그 길을 굽이굽이 따라가면 수려한 강 풍경이 보였다가 다시 사라지고가 반복되는 풍경의 다양함이 연출되는 점이다. 또한 이렇게 한 2시간을 넘어가면 마을의 대표적인 상징인 소나무가 나타난다. 이 소나무에서 강을 바라보는 풍경 또한 이 마을의 특징적인 매력이다. 수청리 나루터와 작은 시골 전원마을, 오

수청리 나루터와 느티나무 수려한 자연경관이 그나마 잘 유지되고 있는 곳이기도 하다

래된 느티나무, 여성제 생가, 그리고 다랭이 논 사이로 넘어오는 산책로, 마을의 유서가 새겨진 소나무 등, 이 마을은 다른 수변마을과 비교할 때 곳곳에 매력이 넘친다. 이뿐만 아니다. 경기도에서 드물게 반딧불이를 볼 수 있는 곳이기도 하며, 산자락에서 남한강의 유려한 물의 흐름을 즐길 수 있는 곳이기도 하다. 이러한 자연의 은혜를 입은 곳이지만 버스 이외에는 대중교통이 없어 마을 진출입이 어렵고 개발의 여지가 많지 않아 다행스럽게도 이러한 풍경이 유지되고 있다. 최근 경기도 일대에도 전원주택의 바람이 불고 개발의 여지가 조금이라도 있으면 공장이나 창고가 들어서는 것이 흔한 모습이다. 수청리가 그러한 피해에서 벗어나 본래의 풍경이 남아 있다는 점은 자연풍경을 살린 경관만들기에 최적의 여건이라고 할 수 있었다.

넉넉한 인심 그리고 넉넉한 자연의 장점을 살린다

마을 전체 인구는 120여 명 정도인데, 대다수 농업에 종사하거나 전원생활을 위해 귀농한 사람들이다. 이웃과의 관계도 양호하고 넉넉한 인심을 보여주는 마을이다. 보통 전원마을들이 이주민과 원주민 사이의 갈등으로 인심이 험악한 곳이 적지 않은 것을 감안하면 넉넉한 자연풍경과 주민들의 넘치는 인심 자체도 매력적이다.

처음 경관계획을 추진한다고 했을 때, 적지 않은 주민들은 마을이 번잡해지는 것을 우려했었고, 개발보다 자연환경의 보존을 더 바라고 있었다. 이는 우리의 생각과도 크게 다르지 않았다. 경기도 주변의 많은 지역이 경관개선을 시도했고, 일부는 관광지화에 성공하여 찾아오는 사람의 수는 늘었다. 하지만 반대로 시끄러운 마을 분위기와 지가 상승으로 인한 생활비 부담 증가, 쓰레기 증가 등으로 인해 기존 생활풍경이 파괴된 곳이 적지 않다. 물론 시작단계에서는 마을활성화에 대한 기대로 계획에 동참했겠지만, 결과적으로 공간개선의 혜택은 살고 있는 주민들보다 전혀 다른 사람들이 입는 경우가 많기 때문이다. 따라서 전원마을과 같이 자연이 중시되는 곳의 경관개선은 어떤 부분에 초점을 둘 것인가를 신중히 생각해야 한다. 관광지화를 지향할 것인지, 아니면 기존 자연풍경을 그대로 살린 주거환경의 정비에 둘 것인지를 고민해야 한다. 이러한 관점에 따라 만들어진 결과도 달라지며 개선 이후의 공간 활용방안도 달라진다.

다행히 수청리는 행정에서도, 주민 측에서도 자연풍경을 살린 주거환경의 재생이라는 점에 큰 이견이 없었고, 나 역시 그러한 방향이 수청리에 적합한 것으로 판단하였다. 그렇다고 방문객의 증가를 완전히 배제할 수는 없다. 개방과 관광화는 전혀 다른 문제이고 사람의 증가는 지역의 활성화에 적지 않게 기여하기 때문이다. 실제로 이 지역은 개발제한구역으로 지정되어 있어 개발을 하려고 해도 진행되기 어려운 조건을 가지고 있다.

기본적인 교감이 생겼으면, 계획 방향을 같이 고민해야 한다. 계획을 전문가와 행정 위주가 아닌, 지역에서 오래 살아왔고 살아갈 사람들과 세우기 위해서는 그들과 동질감을 가지는 과정을 거쳐야 한다. 주민들은 행정과 전문가들이 좋은 계획을 만들어주기를 바라고 수동적인 입장에서 바라보는 것에 익숙해져 있다. 지금까지 그렇게 해 왔고 스스로도 내 의견이 얼마나 중요할까라는 생각을 하기 때문이다. 하지만 그 지역 문제의 해결방법은 그 지역사람들이 잘

수청리의 다랭이 논 수도권에 이러한 자연풍경을 가지고 있는 곳이 많지 않다. 이 풍경만으로도 훌륭한 자원을 가지고 있는 것이다

알고 있다. 단지 그것을 끌어내는 사람의 능력 문제이다. 그것이 아니라면 결국은 다른 곳과 같은 방식과 같은 풍경으로 마무리될 수밖에 없다. 동질감을 가지는 것은 그들과 같은 입장에서 공간을 바라보고 이해하기 위한 출발점이 되는 것이다.

좋은 팀을 꾸리는 것도 중요하다. 주민을 중심으로 훌륭한 전문가를 구성하면 혼자 머리 싸매는 것보다 좋은 결과가 나올 가능성이 높다. 좋은 방법이 있는데 이를 마다할 필요가 없다. 우선 같이 할 전문가를 찾아본다. 이 계획에서는 풍경을 새로운 시점에서 읽는 것이 중요하다. 기존의 많은 전원마을의 경관계획은 문제를 물리적인 차별화로 해결하려고 했던 경향이 강했다. 수청리 계획에서는 겸재 정선이 사랑한 풍경을 새로운 눈으로 해석할 필요가 있었고 보다 감성적으로 풀어나갈 전문가가 필요했다. 그래서 섭외한 전문가

수청리의 산중턱에 위치한 소나무와 그 앞에서 바라본 남한강 마을의 신성한 곳이기도 하며, 자연을 가장 잘 이해할 수 있는 공간이기도 하다

가 국내의 대표적인 다큐멘터리 전문가인 배윤호 교수를 섭외했다. 또 전원마을의 풍경을 객관적인 시점에서 풀어줄 전문가도 요구되어서 서울대 환경대학원의 손용훈 교수를 섭외하였다. 다 바쁜 일정으로 거절하는 것을 끝까지 부탁하여 어렵게 승낙을 얻어낼 수 있었다. 그분들은 내가 갖지 못한 능력과 시점을 가지고 있었고, 좋은 계획을 위해 그들을 찾아가는 것이 나의 역할이었다. 디자인기업은 이전에도 역량을 발휘해 준 실력 있는 곳이었으며, 시청의 담당자들이 결합해 훌륭한 팀이 구성되었다. 여기에 우리 연구진이 결합하여 문제를 풀어나가기로 하였다. 무엇보다 이 마을에는 젊고 의욕 넘치는 이장님이 있었고, 마을의 크고 작은 일에 전문성을 발휘해 주는 훌륭한 어르신이 계셨다. 이 정도면 최고의 구성이었다. 우선 주민들과 사전 접촉을 해 본다. 나쁘지 않다. 좋은 조짐이다. 그렇게 봄이 지나가고 초여름을 맞이하며 본격적인 계획을 추진하게 되었다.

우선 주민들과 몇 차례 이야기를 나눌 자리를 마련하였다. 그들이 생각하는 수청리를, 그리고 마을이 나아가야 할 방향을 다양한 방식으로 풀어보기 위해서였다. 예상대로 쉽게 무엇인가는 나오지 않는다. 그래도 오랜 시간을 이곳에서 살아온 어르신들을 통해 우리가 알지 못했던 마을의 역사와 풍경의 이야기를 들을 수 있었다. 이 마을이 물에 잠기기 전의 풍경도, 그들이 보냈던 어린 시절의 기억도 나눌 수 있었다. 어느 정도 이야기가 정리될 여름 무렵, 같이 마을을 돌아보며 우리가 알지 못했던 자원을 찾아보기로 하였다. 나루터에서부터 마을회관까지, 그리고 마을의 교회를 거쳐 같이 걸어갔다. 마을 주민들은 1년에 한 번씩 이렇게 마을 뒷산 중턱의 소나무가 있는 곳까지 걸어가 마을의 안녕과 감사를 위한 고사를 지낸다고 한다. 직접 살펴보니 역시 우리가 알던 것과는 많이 달랐다. 그리고 그 길을 같이 걸으며 시간의 간격을 최대한 줄이고 그들의 시점으로 그들의 마을을 본다. 물론 외부인 관점에서 보이는 매력도 중요하지만, 그들이 소중히 여기는 풍경의 기억을 살려 공간에 풀지 못하면 그것은 장식 이상이 되기 어렵다.

그렇게 2시간을 걸어 마을 뒷산의 다랭이 논을 지나 마을의 가장 신성한 장소이자 지역풍경을 명확히 볼 수 있는 소나무에 도착하였다. 사실… 이렇게 시간이 많이 걸릴 줄 알았더라면 올라오지 않았을 것이다. 모두가 땀에 흠뻑 젖었지만 그 덕에 주민들과의 간격을 좁히고 마을과 관련된 풍성한 이야기를 정리할 수 있게 되었다. 이러한 동질감은 역시 같이 땀을 흘려야 생겨나는 법인가 보다. 그 뒤로 주민들은 뒷산을 다녀왔다는 이야기만으로도 편하게 대해 주었다.

그리고 본격적으로 다양한 워크숍을 열어 주민들이 생각하는 공간의 기억을 정리하게 되었는데, 손용훈 교수팀이 해준 객관적 공간의 기록과 배윤호 교수의 시적인 공간해석이 많은 도움을 주었다.

마을 뒷산 소나무 아래에서의 기념사진 땀으로 젖었지만 상쾌함은 두 배가 넘었고 덤으로 산 위에서 마을과 남한강의 멋진 전경을 감상할 수 있게 되었다

아침시간대에 안개가 자욱한 나루터와 마을 입구의 풍경을 새롭게 해석하는 방식도 이때 처음 접했다.

워크숍에서도 처음에는 어색한 분위기가 지배했지만 점차 주민들의 목소리가 적극적으로 변했고 다양한 의견이 모아졌다. 그렇게 정리된 의견을 가지고 1차 보고회를 열고, 모두의 계획안이라고 해도 좋을 계획안이 정리되었다. 물론 모두가 이 계획에 동의할 수는 없겠지만, 마을의 미래를 바라보고 마을이 나아가야 할 경관의 방향과 틀이 정리되었다는 점에서는 의미가 컸다.

주민참여 워크숍과 설명회 처음에는 어색한 분위기가 점점 더 활기를 띠어간다

이러한 과정을 통해 수청리의 역사적인 경관과 문화적인 경관, 물리적인 경관의 특성이 파악되었고, 마을 곳곳에 감춰진 보물이 조용히 정리되었다. 계획안에는 수청리와 주변 남종면 마을과의 풍경의 연속성과 네트워크를 구상하며 거점과 축이 그려져 있다. 이를 통해 수청리만의 풍경에 머무르는 것이 아닌, 주변으로 확산되는 거점으로서 수청리의 매력을 바라볼 수 있게 되었다. 한편으로 이렇게 주변까지 바라보는 공간계획은 주변과의 관계 속에 풍경을 조성하고 확산시키는 방법이기도 하다.

여성제 생가, 나루터 등 방치된 역사문화자원	주변 마을과 연결 필요 및 자전거도로 형성 요구	타지인 소유의 농가 · 농지 방치로 지역노후화
마트, 놀이터, 보건소 등 마을편의시설 부족	나루터에서 신원역으로 이어지는 뱃길 필요	마을주민들이 즐길 수 있는 생활프로그램 부족
버스정류장, 화장실 및 공가 등 기존 시설들 및 건축물 개선 필요	도로 깨짐 등 도로정비 및 소나무쉼터까지 마을과 연결	인구노령화와 농업 이외의 농가소득원 부족
해협산 정상 소나무 주변으로 소나무쉼터 조성 의견	나루터에서 여성제 생가 황톳길로 연결	마을주민들의 보다 나은 생계를 위한 프로그램 개발 필요

| 거점 구상 (COMMUNITY SPOT) | 경관축 구상 (LANDSCAPE NETWORK) | 생활밀착형 프로그램 구상 (LIFE STYLE) |
| 생활거점 자연조망거점 역사문화거점 | 생활축 역사자연축 마을연계축 | 마을공동체 형성 생활프로그램 구상 |

조사결과에 기반한 디자인 시사점 도출

수청리의 풍경을 바라보며 시를 읊다

수청리 계획의 주안점은 크게 세 가지로 나눌 수 있다. 가장 중요한 것은 수려한 자연에 어울리는 마을풍경을 조성하는 것이다. 이것은 이번 계획의 가장 핵심목표로서, 기존의 획일화된 수변풍경과는 다른 이 마을에서만 느낄 수 있는 자연과 조화되는 풍경을 연출하는 것이다. 그리고 수청리만이 아닌 주변의 검천리 및 귀여리와 풍경을 이어나가는 거점으로 육성하는 과제도 포함되어 있다. 이것은 지역을 연결하고 파급효과를 이어가는 틀을 형성시킨다. 그리고 풍경연출만이 아닌, 자연 속에 스며든 주민의 삶을 풍요롭게 활성화시키기 위한 프로그램을 계획한다. 이는 풍경과 사람의 삶이 조화되도록 하는 것으로서, 경관의 아름다움만이 아닌 삶의 기반으로서의 풍경을 지향하는 자세이다. 이와 관련된 세부항목을 표기하여 제시한 것이 아래의 그림이다. 이는 경관 형성에 있어서 점과 선, 면적인 면을 고려하는 동시에, 기본적인 공간디자인 관점을 풍경과 어울리게 변경한 것이다. 모든 공간디자인의 관점은 동일하며 사람과 풍경에 맞게 그것을 변형시키는 것이다.

이렇게 만들어진 기본방향은 다른 계획에 비해 매우 시적이다. 이는 처음부터 기존의 딱딱한 방식을 피하기 위해 감성적인 이미지를 물리적인 구조와 연결시킨 프로세스의 결과이다. 참여했던 배윤호 교수가 중요한 이유도 그것이었고, 손용훈 교수의 물리적인 분석이 중요한 이유도 그러했다. 출발부터 구조화된 틀로 구상을 하면 디자인 결과도 유사하게 된다. 이를 없애고 공간에 맞는 풍경을 연출하기 위해서는 처음부터 수청리의 풍경처럼 유연한 접근이 필요하다. 수청리의 안개 자욱한 아침풍경을 걸으며 느낄 수 있는 냄

역사문화경관자원의 분포 마을 곳곳이 생태와 역사의 보석함과 같다

새, 천천히 마을을 산책하며 느낄 수 있는 아담한 정취, 별것 아닌 듯하나 이야기를 들으면 정겨운 흔적, 힘들게 산을 올라가서 느낄 수 있는 마을의 역사, 여성제 가옥에서 느껴지는 역사의 자취 등 이 마을의 모든 흔적과 기억을 풍경으로서 재해석하여 공간에 구현하는 방식이다.

그렇게 만들어진 기본방향이 풍경과 그림, 그리고 이야기이다. 지금 생각해 보면 이러한 엉뚱한 방식을 긍정적으로 이해해 준 전문가들과 관계자들에게 감사할 따름이다.

전체적인 콘셉트와 마스터플랜 역시 그 풍경에 대한 지향점을 그대로 담았다. '소리의 울림이 있는 풍경 – 수청다움'으로 정했다. 그리고 시를 한 수 읊어 본다. 이 수청리, 큰 탄청에서만 어울리는 시이다.

수청리, 검천리, 귀여리 마을 간의 연결	농촌마을의 자연경관을 고려한 친환경디자인 계획	주민생활밀착형 프로그램 개발 주민 삶의 질 향상
"큰 그림을 그리다"	"청아한 풍경을 간직하다"	"탄탄한 마을을 만들다"
그리다 :사람과 사람, 마을과 마을, 자연과 자연을 그리다	간직하다 :자연 그대로의 자연을 간직하다	만들다 :자연을 닮은 라이프스타일을 만들다

• 마을의 재생과 커뮤니티 활성화를 위한
  지역거점 경관계획
• 마을과 마을을 잇는 동선체계 구상
	• 농촌마을의 고유성 및 장소성을 반영한
	  디자인 가이드라인 제시
	• 자연 그대로, 마을 그대로의 모습을 보존하는
	  경관계획
		• 지역주민들의 라이프스타일을 고려한
		  생활밀착형 프로그램 구상
		• 사계절 경관과 함께 즐기는 다채로운
		  프로그램 운영

수청리 경관계획의 기본방향 시적이고 감성적이다. 이것으로부터 물리적인 구조를 만들어 내야 하는 무모한 작업이다

자연 그 자체였던 곳

녹으로 둘러싸여 푸르름을 가득 품은 물줄기는

어느덧 우리를 소리의 울림이 있는 풍경으로 안내한다

우리는 예부터 물과 가까이 하는 삶을 살아왔고

물길을 따라 이동하였다

물길을 따라 이어지는 비움으로서의 경관은

소리의 울림으로 채워지고 번져가며

자연과 자연을 잇는다

다채로운 문화가 활발히 소통하여 일상의 이야기가 펼쳐진다

물처럼 공기처럼 흐르는 수청리의 풍경은

우리 모두의 마음을 울린다

소리와 울림은 리듬이다. 이것은 수청리의 옛 이름인 큰 탄청이 소리와 풍경의 울림이라는 해석에서 나온 아이디어로, 풍경이 이어

수청리의 전체 디자인 콘셉트

져 감성적인 공간의 기억이 되는 이야기를 그리게 되었다.

이를 구체화하기 위해 공간의 주요한 풍경을 7가지 이야기로 정리하였다. 이는 마을풍경의 원형이 되는 소나무에서부터 나루터까지 이어지는 가장 아름다운 풍경을 이야기로 정리한 것이다.

첫번째 '자연의 울림을 바라보다'는 수청리를 등지고 있는 해협산에서 내려다보이는 마을과 남한강의 풍경을 의미하며, 그 속에서 느껴지는 아름다움과 정취이다. 풍경을 주제로 각 공간의 매력을 이야기하는 방식이다.

두 번째 포인트인 '바람의 소리를 느끼다' 역시 계단식 논 사이로 보이는 마을의 풍경과 언덕 위 원두막에서 보이는 논 사이로 바람이 흘러가는 풍경을 그린 것이다. 이렇듯 모든 것이 풍경과 그것을 보는 사람의 감정으로 해석하여, 누구라도 이 풍경에서 느껴지는 매력에 취할 수 있도록 포인트를 정리하였다.

세 번째, '물빛문화가 번지다'는 마을회관의 리모델링을 비롯하여 다양한 문화 강좌와 교류의 거점인 공간 조성에 초점을 두었고, 네 번째 수청교 주변의 계획은 '수청다움에 매료되다'로서 이 지역을

1. 자연의 울림을 바라보다.
2. 바람의 소리를 느끼다.
3. 물빛문화가 번지다.
4. 수청다움에 매료되다.
5. 자연에 물들다.
6. 흔적을 그리다.
7. 대지의 울림을 기억하다.

수청리 경관계획의 디자인 테마인 7가지 이야기 수청리 마을풍경의 스토리를 7개로 나누어 각 주제별로 방향을 제시하였다

지나며 마을과 강의 풍경을 볼 수 있도록 조망거점으로 조성하고 보행을 쾌적하게 하는 데 주안점을 두었다.

이렇게 마을로 풍경이 흘러와 이제 자연공간으로 다시 번져간다. 이제 시선을 마을에서 다시 강으로 돌려, 수청교에서 보이는 생태습지계획인 '자연에 물들다'에서는 현재의 버려진 수풀을 어린이들과 주민의 생태학습장 겸 산책로로 변모시키는 안이다. 여기서는 시간대로 변하는 나루터의 풍경과 생태습지에서 체험과 산책을 통해 만남과 헤어짐, 과거와 현재, 사람과 자연 등의 다양한 기억과 흔적을 남기는 공간으로 조성시킨다. 이를 통해 자연의 풍경이 사람의 기억이 되고, 또 다시 사람을 키우는 공간으로 성장하길 기대하면서 그린 풍경이다.

수청리의 또 다른 매력 중 하나인 역사적 풍경을 살리기 위한 여성제 생가의 복원과 연결 산책로 조성은 '흔적을 그리다'로 정하였고, 장소의 매력 보존에 초점을 두었다. 이렇게 역사성을 가진 나루터가 있다는 그 자체만으로도 훌륭한 지역자산이 되고 교육의 장이 된다.

그렇게 흘러 수청나루터에서 '대지의 울림을 기억하다'로 정리된다. 여기서는 강변의 추억과 만남을 기약하며 공간의 이야기를 정리하며 여운이 남도록 하였다. 여기서는 모든 디자인의 정점으로서 자연풍경에서 과거와 현재, 자연과 사람, 시간과 공간 등의 기억과 흔적을 남기고 다시 새롭게 흘러 보낼 수 있는 공간으로 계획하였다.

나루터에는 수백 년간 이 자리를 지켜온 느티나무와 양평을 오가는 배가 있으며, 그 배경이 되는 남한강의 풍경만으로도 충분히 매력적이다. 이 공간에는 불필요한 시설물이나 건축물이 아닌 모

계단식 논의 원두막과 산책로의 계획안 바람의 소리를 느끼다는 주변에는 보기 드문 산자락의 다랭이 논을 거닐며 바람이 논을 스치는 풍경과 그 사이에 자리 잡은 원두막에서 마을을 바라볼 수 있는 풍경으로 설계되었다

수청교 주변의 계획 수청다움에 매료되다는 이 지역을 지나는 도로를 단순한 도로가 아닌 수청리 마을과 강의 풍경을 볼 수 있는 조망공간으로 조성하고, 새로운 조망 거점을 만드는 데 주안점을 두었다

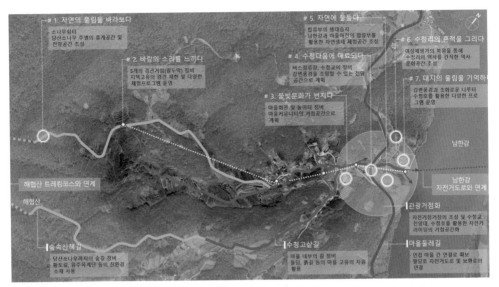

1. 자연의 울림을 바라보다
소나무쉼터
당산소나무 주변의 휴게공간 및
전망공간 조성

2. 바람의 소리를 느끼다
5개의 경관거점(원두막) 정비
지역고유의 경관 재현 및 다양한
체험프로그램 운영

3. 물빛문화가 번지다
마을회관 및 놀이터 정비
마을커뮤니티의 거점공간으로
계획

4. 수청다움에 매료되다
버스정류장, 수청교의 정비
강변풍경을 조망할 수 있는 전망
공간으로 계획

5. 자연에 물들다
합류부의 생태습지
남한강과 마을어귀의 합류부를
활용한 자연생태 체험공간 조성

6. 수청리의 흔적을 그리다
여성제쟁가의 복원을 통해
수청리의 역사를 간직한 역사·
문화공간 조성

7. 대지의 울림을 기억하다
강변풍경과 조화로운 나루터
수청호를 활용한 다양한 프로
그램 운영

해협산 트레킹코스와 연계
해협산

숲속산책길
당산소나무까지의 숲길 정비
황토길, 원주목계단 등의 친환경
소재 사용

수청고샅길
마을 내부의 길 정비
돌담, 흙길 등의 마을 고유의 자원
활용

남한강

남한강
자전거도로와 연계

관광거점화
자전거정거장의 조성 및 수청교
전망대, 수청호를 활용한 자전거
라이딩의 거점공간화

마을둘레길
인접 마을 간 연결로 확보
팔당호 자전거도로 및 보행로의
연결

전체 공간 마스터플랜 각 거점에서 사람의 시야에 보이는 풍경의 이야기로 전개하여 공간의 매력을 공감하도록 구성하였다

든 것을 비우는 것이 중요하다. 그래야만 사람의 추억, 자연에 대한 경이로움이 들어올 수 있다. 그래서 디자인에서는 최대한 비우고 쉴 수 있는 공간의 조성에 초점을 맞추었다. 습지와 같은 자연 그대로의 풍경은 남기고 시설물은 없애거나 자연에 동화되도록 변경하여, 소나무에서부터 시작된 마을의 스토리가 여기서 마무리되도록 하였다.

물론 우리의 디자인이 수청리에 살고 있는 주민들과 방문객들에게 공감을 일으킬 수도, 그렇지 않을 수도 있다. 그렇지만 이렇게 풍경의 아름다움을 발견하고 키울 수 있는 그 자체만으로, 시간과 사람을 잇는 소중한 가치를 키우는 작업이라 생각한다. 이제 남은 것은 그것을 어떻게 키워내고 즐길 수 있도록 공간의 프로그램을 만

여성제생가 가는 길
친환경생태농장
논두렁길
갈대숲
디딤돌
강변산책로
카페테리아(판매시설)
잔디스탠드
강변산책로
선착장
느티나무
느티나무쉼터
나루터 원두막

수변의 최종 배치도

드는가에 있을 것이다.

그러한 생각에 각 공간과 거점에서 가능한 체험과 프로그램, 지역 고유의 행사 등을 계절별로 정리하여 제시하였다. 이러한 모든 프로그램은 주민들과의 대화과정에서 나온 것으로, 풍경을 최대한 즐기고 살아가는 문화라고 할 수 있다. 이것이 시와 같은 풍경의 완성이다. 그리고 그때, 5명의 자녀를 둔 이장과 약속했다. '이장님, 이 나루터가 정리되면 여기서 사모님과 못 올린 결혼식을 꼭 올렸으면 좋겠다'고.

최종 조감도

완성을 위한 난관, 그리고 과제

힘겹게, 그리고 우리 나름대로의 관점에서 풍경을 재해석하여 수청리의 디자인을 풀어왔다. 마지막 보고회에서는 모두들 디자인에 긍정적인 시선을 보내주었고, 주민들 역시 새로운 마을의 활성화에 거는 기대가 적지 않았다. 그것이 그해 겨울이었다.

그러나 문제는 사업비가 부족한 점이었다. 행정에서 지원된 것은 계획비만으로, 당장 설계비를 어떻게 구해야 할지, 각 단계별 사업은 어떻게 구현해 나갈지에 대한 대책은 막막하였다. 게다가 수청리

수청리의 각 풍경에서의 문화와 체험의 프로그램

는 상수도 보호권역에 해당되어 관련된 규제가 너무 많았다. 심지어 부서진 나루터 공터조차 보수하기 어려웠다.

일단 시의 담당자들과 가능한 국가사업에 공모를 하기로 하였고, 우선 하천정비를 위한 참여예산으로 마을회관 앞 물길을 정리하는 것부터 시작하였다. 그러나 우리가 그린 풍경을 구현하기 위해서는 최소 10년 이상이 필요할 것이고, 가장 중요한 선착장과 마을 입구까지의 예산만이라도 확보가 필요했다. 그렇지 못하면 우리가 만든 계획은 말 그래도 계획에 그치고 만다. 그동안의 노력이 보고서로 묻히게 되면 전문가로서는 그것 이상 아쉬운 것은 없고, 주민들과의 약속도 저버린 것이 될 수도 있다. 그것까지는 전문가의 영역이 아닐 수도 있지만, 계획의 완성이야말로 전문가 이전에 같이 고민한 사람의 도리이고 책임이라고 생각된다. 이런 고민은 다른 참여형 계획에서도 빈번하게 나타난다. 미래를 같이 그리고 문제도 파악했지만 실제 개선은 다양한 저항과 예산의 벽에 부딪쳐 좌절하는 경우가 적지 않기 때문이다. 그때마다 느끼는 죄스러운 마음은 주체하기 힘들다. 물론 할 수 있는 범위에서 최선을 다하는 것이 나의 역할이라고 생각하지만 아쉬움은 아쉬움이다.

그렇게 고민하던 중, 정부지원 관련 사업공모가 있었고, 시청 담당자들과 어렵게 준비하여 수변공간을 개선할 수 있는 정도의 예산을 확보하게 되었다. 나루터만이라도 그 모양을 갖추면 10년 뒤에는 우리의 구상이 실현될 것이다. 앞으로 2년간, 나루터에서 마을 초입의 버스정류장까지는 푸르른 물이 흐르는 생태환경이 복원될 것이고, 여기를 찾는 사람들은 자연 속에서 소중한 기억을 만들게 될 것이다. 이렇게 걸린 시간이 3년 정도이다. 시간은 정말 물의 흐름처럼 빠르다.

나에게 또 다시 이런 수변공간을 디자인하고 실제로 구현할 기회가 찾아올까. 모르겠지만 아마도 쉽지 않을 것이다. 나의 도시디자이너로서의 삶에서 이처럼 시와 같은 감성으로 공간을 기획하고, 이야기하고, 조율하며 디자인한 경험은 다시금 없는 소중한 시간으로 기억될 것이다.

적어도 10년간은 이 마을에 관여하고 지켜볼 것이다. 그때면 담당자들도 바뀌고 마을도 한 세대가 바뀌어 다른 주민들과 이야기하게 될 것이다. 그렇지만 처음 그렸던 수청리에 대한 기억은 변치 않고 유지되길 바란다. 그리고 늦더라도 우리 이장님이 나루터에서 결혼식을 올렸으면 좋겠다.

광주시 수청리 수변재생 프로젝트 최종결과

계획기간 2015년 ~ 2016년
기본설계·실시설계 (주)태하엔지니어링
사업시행 광주시청
자문MP 배윤호 중앙대학교 교수, 손용훈 서울대학교 교수

시공기간 2017년 ~ 2018년
지원기관 국토교통부

구도심의 가로경관 재생디자인

강화군 온수리와 중앙로의 경관개선디자인

첫번째. 강화군 온수리 가로디자인

섬이 아닌 섬, 강화

　강화도는 섬이라고는 하지만 강화대교와 초지대교라는 걸출한 교량도 있고, 섬 안으로 들어오면 도시화와 산업화가 서울 근교의 도시만큼이나 진행되어 있어 섬이라는 느낌을 받기는 쉽지 않다. 해안가로 가면 바닷가에 왔다는 느낌이 들지만 섬의 규모가 워낙 크다 보니 석모도나 교동도 정도의 섬으로 가지 않는 한 그 특징을 예측하기 힘들다. 그래도 고려시대부터 우리 역사의 중요한 거점이었고, 섬 고유의 독자적인 풍경도 살아 있어 섬 자체가 가지는 의미와 고유성은 남다르다. 전등사와 같은 천년고찰이 있으며, 온수성당과 같은 종교성지도 있고, 부근리 지석묘와 같은 세계적인 역사자원을 가진 곳이기도 하다. 마치 섬 자체가 하나의 유적지이자 자연보호구역과 같은 독특함을 가진 곳이다. 수도권 가까운 곳에서는 보기 드물게 역사와 문화, 자연환경을 고루 갖춘 경관을 가지고 있다.

강화군 온수리의 가로풍경 국내 여느 지방의 구도심과 큰 차이가 없는 풍경이다

　그러나 정말 아쉽게도 국내의 많은 지방의 중소도시와 마찬가지로 공장 등의 산업시설로 인한 난개발과 가로 주변의 복잡한 시설물, 시가지의 무분별한 간판과 통일성이 결여된 주택, 스카이라인을 무시하고 지어진 공동주택으로 인해 형성된 정체불명의 경관은 이곳 강화도도 예외는 아니다. 정확히는 이렇게 훌륭한 섬 전역을 자연환경과 역사문화 자원과 관계 없는 풍경으로 만들어둔 것이다. 심지어 해안가로 가면 괴상한 조형물과 시설물이 난립해 있으며, 이러한 환경에서 부각되기 위해 간판과 시설물은 더욱 괴상하게 만들어져 있다. 더욱 놀라운 점은 섬을 들어오는 입구부터 섬과는 전혀 연관성이 없는 상징물(한참 설명을 듣고 나서야 머리만 수긍하는)이 자리 잡고 있다. 그나마 다행인 것은 강화도를 잘 모르는 사람들에게

바닷가의 풍경과 역사의 향기가 젊은 날의 추억과 함께 남아 있다는 점 정도 아닐까.

세 번의 실수

내가 강화도의 계획에 관여하게 될지는 전혀 예상하지 못했다. 처음에는 단순히 자문을 부탁받아 계획을 검토하는 정도의 역할이었다. 이런 역할은 자주 있는 일이고 일상을 흔들 정도만 아니면 충분히 공을 들여 할 만했다. 그러나 가볍게 생각하고 흔쾌히 수락했던 것이 실수였다. 검토하던 디자인은 최근 보기 드물게 거리환경을 완전히 새롭게 바꾸는, 그것도 아주 특이하고 새로운, 보다 구체적으로는 일상적인 거리에서 만들어질 것으로 상상하기 힘든 내용으로 가득 차 있었다. 여기서 좋게 자문을 정리하고 넘어갔었으면 좋았을 텐데, 넓은 오지랖이 갑자기 발동하여 제동을 걸었던 것이 두 번째 실수였다. 그렇게 해서 강화도의 계획에 나도 모르게 개입되고 말았다.

계획에 참여하는 계기는 두 가지 패턴이 있는데, 하나는 의뢰를 받고 참여하는 것이 충분히 가치 있어 보일 때이다. 이것은 디자이너로서의 흥미가 당기는 경우에 나타난다. 이 뒤에 진행한 볼음도 계획의 경우, 도시디자이너로서의 강한 열정에 의해 참여한 경우이다. 그 외의 대다수는 부탁을 받아 하다 보니 정도 들고 책임감도 들어 열심히 하는 경우이다. 그래서 누구와 함께하느냐가 중요하다. 최근에는 처음부터 같이 하는 사람을 보고 계획을 시작하는 경우도 적지 않다. 이런 경우 실리보다는 책임감이 본능적으로 발동한 결과인데, 강화의 경우도 담당자들과 이런 저런 이야기를 하던 와중에 참여를 약속하게 되었다. 이것은 세번째 실수였다. 그렇게 해서 강화군 온수리의 계획에 이어 중앙로의 계획에 관여하게 되었다.

힘이 들더라도 공간을 디자인하는 것은 나에게도, 행정 담당자에게도, 조성된 공간에 사는 사람들에게도 중요한 행위로서 대충하고 넘어가는 것은 있을 수 없다. 아무리 작은 공간이라도 이 세상에 쉬운 디자인은 없다. 강화군도 쉽게 생각한 것에 비해 막상 부딪쳐보니 예상과 크게 달랐다. 이미 도망치기에는 머릿속으로 너무 많은 구상을 했고, 시간적으로도 가능하다고 예단했던 탓도 있었다.

우선 기존 디자인안을 전체적으로 검토했다. 어떤 문제가 있는지 정확히 파악해야 새로운 방향을 잡을 수 있었고, 확인을 위해 몇 번이나 현장에 발걸음을 옮겨야 했다.

기존 디자인은 크게 세 가지 문제점을 가지고 있었는데, 첫번째는 이 동네의 풍경과 어울리지 않았다. 온수리의 가로에는 저층 상가들이 나열되어 있고, 주변에는 오래된 양조장과 온수성당, 전등사와 같은 역사문화 자원들이 분포되어 있다. 게다가 온수시장이라는 유서 깊은 재래시장도 있어 구도심의 아기자기함과 정취가 살아 있다. 다소 낡고 복잡해도 층수가 높지 않은 건물의 연속성이 있고, 결절부에는 오래된 다방과 시장도 있는 등 조금만 손을 대면 정겨운 고향풍경이 될 가능성이 컸다.

그런데 기존 디자인은 이러한 가로 곳곳을 국적불명의 조형물로 채워 두었고, 그나마 있던 오픈스페이스인 온수시장에는 특이한 꽃모양의 벤치가 계획되어 있었다. 게다가 광장의 붉은색 하트 조형물

온수시장 방면의 가로풍경 낡고 복잡하기는 해도 구도심의 아늑한 이미지를 가지고 있다

은 난해함을 더했다.

　두 번째는 가로 연속성의 결여이다. 이 가로에는 낮은 단층의 상
가들이 나열되어 있고, 교차로에만 2층의 다방 건물이 있다. 따라서
전체적인 건축물의 연속성을 높이는 전략이 필요한데, 그러한 방향
과 내용이 결여되어 있었다. 또한 건물들의 디자인이 상이하고, 교
차로나 시장 등에 사용된 시설물에도 지역 특성이 보이지 않았다.
이를 개선하기 위해서는 가로 전체의 소재와 패턴, 형태를 정리하여
특징을 부여해야 했으나, 이 역시도 계획에 빠져 있었다.

　세 번째로 이곳의 대표적 경관자원인 전등사와 온수성당, 양조
장과의 연계성이 없고, 기존 경관자원의 훼손이 우려되는 디자인이
다. 이렇게 훌륭한 자원이 있는 곳에 별도의 이미지를 부각시키는

기존의 계획안 중 일부 전등사 입구 방면 조형물로서 공간의 특성과 개연성이 부족하다

것은 기존 이미지의 혼란을 가져올 수 있어 피해야 한다. 그러한 자원이 없는 곳에서는 특정한 이미지를 만들기 위해 애를 써야 하지만, 이곳은 이미 충분한 상징성이 있어 굳이 꽃과 같은 특이한 조형미를 가져올 이유가 없다. 가로에도 그러한 역사적 풍경과 조화되고 향수를 불러일으키는 디자인이 필요하며, 테마파크나 놀이동산에서 볼 수 있는 이미지를 가져오는 불필요한 위험을 감당할 필요가 없는 곳이다.

내부 협상

이렇게 많이 진행된 계획의 전면적 수정은 시간적으로도, 비용적으로도 쉽지 않은 일이다. 누군가는 그 책임을 져야 하는데 행정에서 그 부담을 안는 것은 현실적으로 무리가 있다. 따지고 보면 이러한 사업 추진의 배경에는 사업자나 시행사를 선정할 때 제안가격이 가장 낮은 곳을 선정하는 최저가 낙찰이라는 시스템과, 특정 지역의 기업만 참여하도록 제한하는 제도의 문제가 크다. 보다 높은 수준의 디자인을 구현할 수 있는 더 좋은 방안이 있음에도 담합의 위험을 피하기 위해 안전하나 경쟁력을 저하시키는 방법을 선택하는 것이다. 심지어 전혀 전문성이 없는 곳이 선정되는 경우도 있다. 이러한 제도는 언젠가는 보다 좋은 시스템으로 변경되어야 할 것이며, 가능하다면 최소한 제안서 정도는 보고 선정하는 것이 기본이 되어야 한다.

다행히 본 계획의 시행사와는 무리 없이 협의가 진행되었고, 디자인 개선도 전면적으로 수용되었다. 이에 따라 기존의 디자인을 백지화하고, 디자인 콘셉트부터 다시 조정하게 되었다. 사실 나처럼 중간에 들어온 사람이 기존 계획을 모두 변경하는 것은 매우 실례일 수 있다. 디자이너는 방법의 차이가 있더라도 자신의 디자인에 대한 자부심을 가지고 있으며, 어떠한 상황에서도 그것은 존중받아야 하기 때문이다. 온수리에서는 방향 조정의 수용이 가능했지만, 상대방에 대한 존중의 자세는 절대적으로 중요하다. 기존의 계획과정에서는 주민과의 의견 조정에서 주된 갈등이 있었다면, 이곳에서는 전문가와 행정 담당자와의 조정이 주가 되었다. 역시 장소와 사람에 따라 협의 방식과 내용을 다르게 해야 한다는 것은 명백하다.

전면적인 디자인 수정작업

우선 계획 관계자와 거리를 걸으며 가로의 특징을 파악하였다. 낡기는 했지만 상가들이 나지막하고 오래된 간판이 곳곳에 남아 있어 정겨운 옛 거리의 정취가 느껴진다. 요즘은 거리정비를 하면 새로운 간판으로 통일하는 경향이 강한데, 오히려 예스러운 간판이 있어 개성적으로 보인다.

교차로에는 전등다방이 있는데 이층의 단순한 콘크리트조의 건물에 오래된 정육점과 다방이 들어선 풍경이 마치 70년대에 시간이 멈춘 듯하다. 이러한 매력은 최근 지방 중소도시에서도 찾아보기 힘든 것이다. 온수시장의 정겨움도 도심 재래시장과는 사뭇 다른 편안함이 있다.

조금만 발걸음을 옮기면 천년사찰 전등사와 온수성당이 있어 매력적인 종교건축물이 가진 품격을 느낄 수 있다. 이러한 공간의 디자인 방향은 명확하다. 사람들이 이러한 공간을 찾아오는 이유는 기존 도심과는 다른 시간과 장소를 느끼기 위해서일 것이다. 그렇다면 그러한 시간과 장소를 느낄 수 있도록 근대적인 풍경을 복원하고, 모든 가로의 건축물과 시설물을 그에 맞추어 계획하면 된다. 이곳에는 다른 곳에서는 볼 수 없는 개성과 매력이 있는데 굳이 다른 언어와 색깔을 입힐 필요는 없다.

많은 사람들은 오래된 것보다 새것을 더 선호하고, 세련된 것을 느리고 때 묻은 것보다 좋게 여기는 경우도 있다. 그러나 실제로 사람들이 찾고 그리워하는 공간은 고향 같이 인간미가 넘치면서도 잘 정돈된 곳이라는 것을 잊는 경우가 많다.

온수리의 가로풍경과 전등다방이 있는 교차로

강화의 역사와 문화를 살린 가로재생의 거점을 만든다

　계획 진행을 위해서는 우선 행정과 계획 방향과 비용을 고려한 범위가 조정되어야 한다. 아무리 좋은 디자인이라도 현실성이 결여되고 비용이 부족하면 실제 구현이 어렵다.

　공간조사의 결과에서는 생각보다 활용할 자원과 매력적인 요소가 많은 것이 밝혀졌다. 걸으면 걸을수록 정겨움도 있고, 시장과 오래된 상점을 보는 재미도 쏠쏠하다. 건물의 오래된 벽돌은 나름대로의 정취를 가지고 있는데, 오래된 간판과 함께 잘 정리하면 그 자체가 매력적인 요소가 될 가능성도 커 보였다. 이런 공간에서는 오래되어 공간의 기억이 된 요소의 정리만으로도 좋은 디자인이 된다. 그대로 두면 낡은 대로 방치될 공간에 사용성을 고려하여 기법을 가미하고, 사람들의 요구를 공간요소에 반영하면 더 빛나게 될 것이라는 확신이 들었다. 마치 아주 신선한 식재료와 같이, 굳이 진한 조미료를 가하지 않아도 손질만 잘 하면 훌륭한 요리가 될 자질을 가진 것이다. 특히 이 공간에서 느낄 수 있는 1970년대부터 1980년대 사이의 풍경은 우리들의 마음에 작은 향수와 위안을 가져다 줄 훌륭한 스토리텔링이 된다.

　이러한 조사결과를 바탕으로 디자인 대상을 건축물과 간판, 보행공간으로 정하고 주요 거점부의 계획 방향도 설정하게 되었다. 우선 디자인 방향은 이 장소만의 정체성을 살려 7080의 시대 분위기 연출로 정하였고, 그에 맞추어 건축물과 시설물의 디자인을 통일하고 연속성을 부여하였다. 그리고 끊어진 보행로를 연결하여 시장 전체의 보행 네트워크를 형성시켰는데, 이는 온수리의 명소인 전등사와 온수성당의 매력을 걸으며 즐길 수 있도록 하기 위함이다.

이렇게 만들어진 콘셉트가 온수리 문화특화가로 "낭만 가득 추억의 온수거리"이다. 단순하지만 여기에서 추구하는 내용을 명확히 반영하였다. 잘 모르는 모양을 복잡하게 꾸미는 것보다 구체적인 단어로 정리하는 것이 거주민들에게나 방문객에게나 도시의 이미지를 명확하게 전달할 수 있다. 여기서의 디자인은 낭만과 향수를 일으키는 역사문화 공간을 조성하여 걷게 하고, 보게 하고, 쉬게 하는 것으로도 충분하다.

공간 이미지는 어떤 소재로 연출할 것인가가 중요하다. 우선 남아 있는 벽돌 건물과 오래된 간판의 활용에는 협의가 되었다. 하지만 그 외의 색채와 구조물의 형식, 소재에 대해서는 가로 전체와의 연관성이 고려되어야 한다. 그래서 7080 시대의 건축특성에 대한 분

S trength
· 낮은 스카이라인으로 자연경관과의 조화 가능성
· 옛 간판 및 벽돌 파사드로 인하여 옛 거리 분위기 재현 가능
· 지명 유래 관련한 우물터 존재

W eak
· 이용객을 유인할 매력 요소 및 지역정체성 부족
· 자연과 부조화를 야기하는 고채도 색채 사용
· 오픈스페이스 및 녹지의 부족으로 체류환경 미흡
· 보행 연결성 부족 및 곳곳에 안전문제 우려

O pportunity
· 지역 내 전동사로 인하여 외부 유동인구 존재
· 주민 및 상인의 관심과 참여 의지 (온수리재창조위원회)
· 버스환승센터 터미널 건립 예정

T hreat
· 전체적인 인구 감소 및 고령화 심화로 젊은 인구 부족
· 유휴공간에 대한 활용 방안 부재
· 신도로 개통으로 인하여 해당 구간 이용객 감소

01.4 분석 결과 _ 분석 종합

· 예전 한국특유의 7080거리의 모습 간직
· 지명의 유래와 연관된 우물터 존재
>> 지역의 정체성 형성 및 컨텐츠로 활용

· 건물 노후화 및 안전 문제 우려   · 랜드마크성 공간 부재 및 유휴공간 방치
· 보행 연결성 부족 및 불쾌요소 존재   · 자연과 부조화되는 고채도 색채 사용
>> 노후이미지 탈피 시급, 보행성 강화, 유휴공간 활용 계획안 필요

대상지 조사분석의 결과   나름대로 꽤 흥미로운 자원이 많다

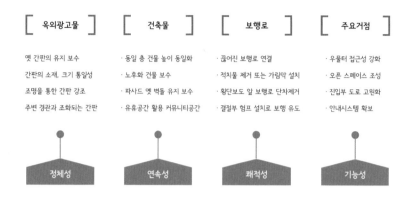

[옥외광고물]	[건축물]	[보행로]	[주요거점]
· 옛 간판의 유지 보수 · 간판의 소재, 크기 통일성 · 조명을 통한 간판 강조 · 주변 경관과 조화되는 간판	· 동일 층 건물 높이 동일화 · 노후화 건물 보수 · 파사드 옛 벽돌 유지 보수 · 유휴공간 활용 커뮤니티공간	· 끊어진 보행로 연결 · 적치물 제거 또는 가림막 설치 · 횡단보도 앞 보행로 단차제거 · 결절부 험프 설치로 보행 유도	· 우물터 접근성 강화 · 오픈 스페이스 조성 · 진입부 도로 고원화 · 안내시스템 확보
정체성	연속성	쾌적성	기능성

7080 분위기의 간판과 입면 파사드 정비를 통한 가로 경관의 연속성 및 정체성 확보
보행 연결성 강화와 주요 거점부 오픈스페이스 조성을 통한 이용객 보행 편의 증대

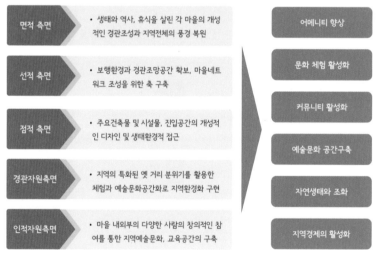

면적 측면	• 생태와 역사, 휴식을 살린 각 마을의 개성적인 경관조성과 지역전체의 풍경 복원	어메니티 향상
선적 측면	• 보행환경과 경관조망공간 확보, 마을네트워크 조성을 위한 축 구축	문화 체험 활성화
점적 측면	• 주요건축물 및 시설물, 진입공간의 개성적인 디자인 및 생태환경적 접근	커뮤니티 활성화
경관자원측면	• 지역의 특화된 옛 거리 분위기를 활용한 체험과 예술문화공간화로 지역환경화 구현	예술문화 공간구축
인적자원측면	• 마을 내외부의 다양한 사람의 창의적인 참여를 통한 지역예술문화, 교육공간의 구축	자연생태와 조화
		지역경제의 활성화

계획의 대상 및 공간연출 방향과 내용

석을 바탕으로 시멘트와 벽돌, 벽돌도 그냥 벽돌이 아닌 점토벽돌을 사용하고, 보통 시내 가로에는 적용하지 않는 오랜 느낌이 드는 노랑과 초록의 색채도 문과 창틀 등에 적용하였다. 사용자들이 단차 없이 쾌적하게 걸을 수 있는 환경도 조성하였는데, 이전과는 다소 다른 풍경이지만 편의성을 최대한 고려한 결과이다.

그 결과, 건물과 간판의 세부 디자인이 조정되었고, 경관의 가장 큰 골칫덩어리였던 건물 지붕의 파란색은 차분한 색채로 정리되었다. 시골도 그렇고 도심 외곽의 공장이나 축사도 그렇고 여전히 '지붕을 파란색으로 도색하는 것은 왜일까'하는 의문이 든다. 저렴한 철재를 강한 색으로 특징을 주고 싶은 마음은 이해가 되지만, 원경이거나 근경의 가로경관을 똑같이 만들고 주변과의 조화를 차단시키는 색이 전역을 덮고 있는 것은 문제가 있다.

이 외에 시장의 오픈스페이스 조성과 연결로의 조성, 상징적인 공간에 대한 계획도 추가되었다.

계획안에는 공간구축 가이드라인도 포함되었는데, 이번 계획만으로 모든 곳을 개선하기에는 예산의 한계가 있기 때문이었다. 적어도 10년 이상 유사한 방향으로 경관을 정비하기 위한 방향 제시는 필수적이다. 조명계획에 대한 내용도 포함되었는데, 이는 도심과는 달리 차분하면서도 안전을 고려한 계획이 필요하기 때문이다. LED 등의 과한 조명의 적용은 야간의 공간 분위기를 고려해서 부득이한 곳을 제외하고 가급적 지양했다. 물론 시가지의 어두운 환경은 안전을 위해서도 일정한 조도가 확보되어야 한다. 특히 교통사고의 위험이 있는 사각지대나 골목 안쪽에 대해서는 안전을 위한 야간조명이 필수이다.

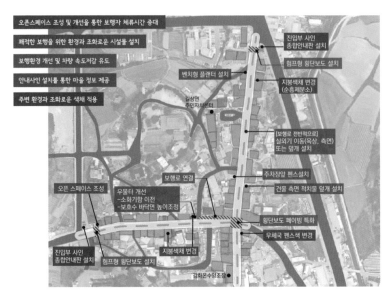

마스터플랜 각 공간의 주요한 디자인 내용과 적용위치를 표시하였다

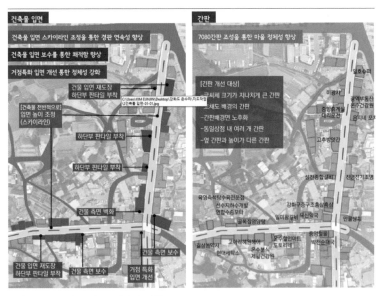

건축물과 간판의 배치 및 디자인 방향

나도 그렇고, 행정 담당자도 그렇고, 시행사도 그렇고 언제까지 온수리에 관여할 수 없기 때문에 이러한 가이드라인은 더욱 중요하다. 기준을 정해두지 않으면 후에 사람들은 이 공간이 어떻게 조성되었는지 알 수 없고, 사람이 바뀌면서 공간의 이미지도 서서히 달라지기 때문이다.

이렇게 하여 전체적인 디자인계획과 세부적인 적용방법이 정리되었다. 이 지역의 교차로 거점인 전등다방은 오래된 이미지와 최근 유행하는 레트로한 이미지를 중첩시켜 디자인되었다. 그 외의 휴게 공간에도 자연소재를 적용하고 식재를 배치하여 편안함을 강조했다. 지주사인에는 코르텐강을 적용하여 시간이 지날수록 정취가 더해지도록 하였다.

곳곳의 에어컨 실외기나 물건을 적재한 곳은 목재 루버로 마감하여 연속성을 저해하지 않도록 하였다. 이곳의 건물들은 유독 외벽 마감을 샌드위치패널로 한 곳이 많았다. 전면부는 벽돌과 목재로 가릴 수 있지만 측면과 지붕은 항상 노출되어 거리 이미지를 저하시킨다. 이를 막기 위해 지붕 소재는 가급적 징크패널로 교체하거나 안정적인 색으로 도장을 하였다.

같은 단층 건물들도 건물마다 조금씩 높이가 달라 연속성을 저해하고 있었다. 이러한 곳에는 건축물의 지붕선을 조금씩 조정하여 높이를 맞추고, 간판도 디자인이 다르더라도 같은 크기로 조정하여 정리된 풍경으로 연출하였다.

사실 온수리에 특별한 디자인은 없다. 그냥 공간이 요구하는 대로 기존 공간을 더욱 매력적으로 만드는 것이 특징이다. 공간은 정체성에 기반하여 계획하는 것이 기본이기 때문에 그 특성을 잘 파

1안_ 옛 이미지를 적극 반영

· 업소별 색상, 폰트, 그림 등을 차별화하여 옛 이미지 연출
· 도색을 이용한 평면적인 연출

2안_ 옛 이미지를 소극적으로 반영

· 간판 프레임을 통합시켜 일관성 확보
· 캘리그라피 등 입체 폰트를 이용하여 업소의 이미지를 차별화

3안_ 여백을 활용한 디자인

· 간판 프레임이 없는 구조로 자유 디자인
· 상징물, 캘리그라피 등 폰트를 이용하여 업소의 이미지를 차별화

1안_ 징크 패널(아연)

· 장점 : 경관성 높음, 유지관리 우수
· 단점 : 현대적인 이미지, 높은 단가

2안_ 컬러강판

· 장점 : 경관성낮음, 낮은단가, 다양한색상
· 단점 : 시간에 지남에 따라 노후된 이미지, 낮은 강도, 부식

3안_ 세라믹 또는 각종 사이딩

· 장점 : 경관성 높음, 다양한 색상 및 재질, 목재 사용 시 자연적 이미지
· 단점 : 현대적인 이미지, 높은 단가

질감 표현

목재 느낌

간판과 건축물 소재의 가이드라인

악하고 디자인되어야 한다. 특히 온수리와 같이 지역활성화가 필요한 중심 시가지에서는 이러한 디자인이 지속적으로 유지될 수 있도록 노력해야 한다.

그런 점에서 구도심 시장재생의 대표적 사례인 일본의 가와고에 사례는 의미가 크다. 그곳의 거리재생에서 행정은 행정적 지원만 할 뿐 실제 거리재생의 주체도, 디자인 구상과 관리의 주체도 지역상인이었다. 그렇기에 스스로 자신들의 모습을 꾸준히 유지하고 지켜나갈 수 있지 않았을까. 찾아오는 사람들에게 그러한 매력이 어느 정도 보일 정도면 실제로는 거의 정착된 것이나 다름없다. 그리고 그 결실은 그것을 만들어온 사람들의 땀이 진심으로 전해졌기 때문에 생겨났을 것이다.

2차 사업구간은 1차 구간보다 특징이 명확하다. 같은 온수리 가로 중에서도 전등사와 온수성당, 양조장이 위치하고 있어 역사적인 유산을 보고 걸을 수 있는 경관의 구현에 집중했다. 이전에 계획한 디자인 방향이 있기 때문에 기존의 공간에 접목을 시켜 연속성을 유지하면 되었다.

특히 보행로와 담장에는 주로 돌을 사용하여 마감하였다. 이는 아스팔트와 콘크리트보다 걸으면서 정취를 느끼는 데 효과적이다. 사인은 기존의 사인과 동일하게 디자인하였으며, 바닥에는 동판으로 방향을 유도하여 시간이 지날수록 거리의 이미지가 짙어지도록 하였다. 야간조명도 과도한 빛을 억제하고 역사적 거리를 느낄 수 있는 최소한의 계획만을 수립하였다. 여기는 딱히 더하고 뺄 것이 없다. 원래 가지고 있는 멋진 곳들이 빛나도록 환경을 다듬어주기만 하면 된다.

전등다방의 최종디자인

교차로 상가의 최종 디자인

가로변의 최종 디자인안

중간 공지의 휴게공간 조성과 벽화 제작 버려진 공간의 불법주차를 막고 거리편의성을 높이기 위하여 적용된 디자인이다. 벽화는 부득이하게 샌드위치패널의 열악함을 막는 장치이다

전등사 역사공원과 연결   안전한 보행로 확보   정체성 있는 거리 조성
통일성 있는 안내시설물   통일성 있는 거리조성   결절부 시인성 강화
녹지 정비 통한 쾌적한 이미지   (펜스, 건축입면, 지붕, 간판)   보행 연속성 확보

2차 구간 디자인   전등사와 온수성당의 역사성을 고려한 가로를 재현하였다

대신 1차 구간과 같이 차량보다는 보행자를 고려하여 바닥의 단차를 없애고, 곳곳에 쉬며 주변을 돌아볼 수 있는 휴게공간의 조성에 신경을 썼다. 이러한 편안한 생활환경은 주민에게도 좋은 것이며, 주민이 행복해야 결국 방문자에게도 행복감을 나눌 수 있다.

그럼에도 슬픈 현실

강화는 우리 역사 속에서 자긍심의 성지이자 수난을 겪은 박해지로서 큰 의미를 가진 곳이다. 섬 곳곳에는 아직도 그러한 흔적이 적지 않게 남아 있으며, 지금은 남북 분단의 경계에 위치하여 그 의미가 지속되고 있다. 그러나 이러한 섬이 가진 이야기와 기억을 어디에

▌온수사거리

온수사거리 정비 _현무일시거리, 연내안정비, 간판정비_

- 상위계획인 온수리문화특화가로조성사업과 연계한 계획
- 보행안전을 위한 보행로확보
- 사거리 입간판 정비

교차로의 바닥 패턴과 사인, 간판의 개선 교차로 바닥에는 사고석을 계획하여 걸을 때 주는 즐거움을 더하고, 사인은 코르텐강과 같은 자연소재를 활용하여 역사적인 공간의 정취가 느껴지도록 하였다

▌온수양조장

- 온수양조장은 외관의 시멘트 부분만 노출로 마감하고 지붕과 외벽의 도장을 통해 기존의 건축물을 그대로 보존
- 진입부 사진은 지역경관의 연속성을 고려하여 통일된 소재 이미지로 마감 적용

골목과 양조장 보수 골목은 걷는 즐거움이 느껴지도록 자연소재의 패턴을 적용하였으며, 양조장은 기존의 형태가 너무나 우수해 최대한 보존하고 다듬는 정도로만 계획하였다. 이러한 곳은 원형을 잘 보존하는 것이 중요하다

온수성당 진입부의 사인　특별한 장식을 제외하고 주택 외벽에 안내문구만 삽입하였다. 보다 적극적인 디자인의 주문도 있었지만 그러한 디자인을 적용하는 순간 역사적 정취는 줄어들 것이다.

성당 입구의 야간경관　과도한 빛을 억제하고 자연스러운 운치가 더해지도록 하였다

서도 시각적으로 느끼기 쉽지 않다. 근대와 현대를 거치면서 섬 전역에 많은 건축물과 시설물, 공장과 창고 등에 외지의 디자인을 그대로 가져와 강화와 어울리지 않는 곳이 많다. 심지어 그나마 남은 역사자원 주변에도 요란스러운 언어의 구조물들이 많으며, 그것은 강화 입구부터 섬 전역에 걸쳐 퍼져 있다.

강화는 그 자체가 하나의 보석과 같은 곳이다. 이 섬이 가진 이야기를 소재로 풀고, 형태로 엮기만 해도 주변의 자연과 문화가 정취를 더하는 곳이다. 굳이 이상한 조형물과 시설물로 억지로 풀지 않다도 된다.

사실 역사적 공간은 잘 디자인할 능력이 없으면 손을 대지 않는 것이 좋다. 우리보다 더 훌륭한 후손들이 더 훌륭한 방식과 생각으로 공간을 가꾸어낼 것이다. 그러나 원형을 없애면 후손들이 시도를 할 여지를 없애고, 뿌리에 대한 상상의 가능성을 차단시켜 버린다.

온수리 시가지의 디자인은 그러한 점에서 향후 강화 거리디자인의 방향석이 될 것이다. 여전히 강화 곳곳에서 이상한 개념의 공간이 계획되고 있지만, 이 계획을 계기로 땅의 본성에 충실한 디자인이 지속되길 바란다. 그럼 점에서 우연한 기회에 강화의 계획을 접하게 되었지만 좋은 인연이고, 전문가로서도 강화가 좋은 계획을 위한 성지란 점은 분명하다.

강화군 온수리 문화특화가로 조성사업 프로젝트 1차 최종결과

계획기간 2017년   **시공기간** 2017년 ~ 2018년
기본설계·실시설계 어번스페이스, 이석현디자인연구실   **지원기관** 인천광역시청
사업시행 강화군청

두번째. 강화군 중앙로 가로디자인

동일한 시기에 강화군 중앙로에 대한 계획도 진행하게 되었다. 난항을 거듭하던 기존 디자인을 자문하던 와중에 실제의 계획을 추진하게 되었다. 이런 계획추진방식은 기존 계획을 진행하던 곳도, 행정 측에서도, 우리 역시도 그렇게 바람직한 참여방식이 아니었다. 하지만 그대로 진행하기도 어려웠기에 부득이하게 계획에 참여하게 되었다. 그런 연유로 새롭게 계획을 시작하기는 어려웠고, 기존 계획안을 중앙로의 공간조건에 맞추어 수정하는 방식으로 진행하였다.

대다수 지방 중심시가지가 그렇듯이 이곳 역시 복잡하고 낙후되었고 불편하다. 물론 그렇다고 대도시의 가로가 아주 잘 되어 있다는 이야기는 절대 아니다. 단지 새로운데 특징이 없고, 낙후되었는데 특징이 없는 정도의 차이가 아닐까. 이렇듯 국내 도심 외곽의 중심시가지는 유사한 문제를 가지고 있는데, 그 특징을 정리하면 다음과 같다.

우선 건축물에 특징이 없고 그렇다고 특별히 통일되어 있지도 않

강화 중앙로 가로풍경 특징도 없고 복잡하다. 게다가 가로에 전신주 등 시설물이 넘쳐
난다

다. 유럽의 도시를 기대하는 것은 어림도 없지만, 그래도 거리가 최
소한의 매력을 가지기 위해서는 건축물이 어느 정도의 수준을 가
져야 한다. 이 거리의 대다수 건축물은 디자인도 다르고 소재와 색
채도 달라 특정한 패턴을 찾기가 어렵고, 이는 거리 매력의 저하로
이어진다. 형태도 용적률을 최대한 높이기 위한 박스형이 주가 되
어 개성을 기대하기 어렵다. 이는 최근에 지어지는 건축물도 유사한
데, 소재와 형태는 다양해졌으나 특정한 유행을 타는 디자인이 적
용되면서 오히려 획일화되는 경향이 짙어졌다. 이는 디자이너와 건
축가들이 이러한 유형으로 쉽게 디자인하고 건축주와 타협한 결과
이다. 그로 인해 건축물에서 지역성과 장소성은 가장 먼저 배제된
다. 그리고 피해는 고스란히 공간 이용자들에게 무의식적인 스트레
스로 남게 된다.

시애틀 파이크플레이스의 풍경　여유 있는 가로의 풍경이 부럽다

　게다가 대부분 낙후되었다. 이는 관리를 하지 않기 때문이다. 정확히는 관리할 필요가 없기 때문일 수도 있다. 건축물의 대략적인 수명이 국내의 경우 30년이나 40년 정도로, 그 기간이 지나면 외관도 그렇고 내부도 거의 사용불능 상태가 된다. 벽돌 건물이나 석조 건물은 오래 되어도 나름대로의 매력이 있어 외관을 청소하고 내부만 리모델링하면 새로운 가치를 가질 가능성이 높다. 그러나 저가의 타일이나 도장으로 마감된 건물은 재활용이 어려워, 신축이 오히려 경제적이고 새로움이라도 생겨나게 된다.

　그런 점에서 서구의 매력적인 건축물과 정돈된 가로를 보면 새삼 부럽기만 하다. 그런 환경에서는 새로운 건축물과 시설물을 디자인하기도 수월하다. 기존에 남아 있는 디자인이 명확하니 특별한 고민 없이 흐름을 이어나가고, 연속성을 지키는 선상에서 디자인 포인트

수원시 거북시장 경관개선 후 풍경 거리가 기존에 비해 깨끗해지고 쾌적해졌다. 국내에서도 이런 좋은 사례들이 늘어나고 있다.

만 가미하면 된다.

　건축물이 따로따로이고 가로풍경의 흐름이 없는 곳은 뭔가를 살려 디자인하려고 해도 쉽지 않다. 여기가 그 전형적인 곳이다. 물론 수원시 거북시장과 같이 건물 파사드를 새롭게 리모델링하는 방안도 있겠지만, 여기는 규모도 크고 그럴 만한 비용도 없다. 실제로 비용이 있다고 하더라도 그런 식의 거리 리모델링이 과연 효과적일까라는 의문이 든다.

　다음으로 간판과 시설물이 넘쳐난다. 하여튼 많다. 한 교차로에서는 가로등과 전주, 신호등 등을 합해서 보통 20개에서 30개 정도의 시설물이 있다. 공공의 기능을 수행하는 다양한 시설물부터, 통신, 전화 관련 시설물, 사적인 시설물들까지 넘쳐나고 있다. 이렇게 시설물이 외부로 나와 있으면 관리는 수월하겠지만, 결국 경관의 혼란스

강화 중앙로의 가로 풍경 시설물과 간판이 많다

러움이라는 피해를 감수해야만 한다. 디자인도 제각각이고 거기에 전선과 배전함과 같은 가로의 노상 시설물, 매장의 시설물까지 더하면 시설물의 천국이라고 해도 과언이 아니다. 여기는 덤으로 공공 가로에 인터넷 케이블을 연결하기 위한 기둥들까지 곳곳에 서 있다. 실제로 강화대교부터 강화 중앙로까지 수 킬로미터에 걸친 대로변에 거의 25미터 간격으로 전력공급을 위한 전봇대가 서 있는 풍경은 압권이다. 지금과 같이 최첨단의 5G 인터넷 시대에 이런 구시대적인 전송장비가 지역을 덮고 있는 것은 납득하기 어려운 일이다.

간판은 더 많다. 물론 간판은 어느 정도 정리가 되어 있지만 여전히 창을 뒤덮고 있어 건물의 형태를 알아보기 힘들다. 여기에 현수막과 풍선 광고물까지 덤으로 있어 혼란스러움을 가중시킨다. 또한 바닥의 보도포장은 시대의 흐름을 반영하여 시공된 시기에 따라 다르다. 역사성을 볼 수 있다는 점에서 의의는 있겠지만 결과적으로 바닥까지 혼잡스럽다.

최근 정비를 통해 많은 가로가 깨끗해지고 개성적인 곳도 생겨나고 있지만, 여전히 손길이 닿지 않는 곳은 이러한 풍경이 일상화되어 있다. 바로 이러한 풍경을 집약시켜 놓은 곳이 이곳 중앙로라고 보면 된다. 이름도 중앙로인데, 국내의 가로를 계획하고 나면 이름이 중앙로, 로데오거리, 문화의거리, 이 셋 중 하나이다. 아마 글을 읽고 있는 사람들의 대다수는 이런 거리의 주변에서 살고 있을 확률이 매우 높다. 중심가로도 가로 개선만 하면 유사해지는 상황에서, 왜 그 많은 이름 중에서 이런 유사한 이름만 사용하는지를 고민해 봐야 할 때이다. 게다가 지금과 같이 '동'을 무시한 도로명 주소를 사용하는 시대에 말이다.

자원의 발견

강화군은 수많은 역사문화 자원과 자연풍경을 가지고 있다. 이미 그 유산 속에 건축과 디자인을 위한 많은 모티프를 가지고 있으며, 스토리텔링도 풍부하다. 즉, 고민을 하지 않아도 디자인의 방향을 잡기가 수월한 곳이고, 손 닿는 곳에 참고할 만한 자원이 풍부하다. 또한 인공적인 구조물이라도 튀지만 않으면 자연이 장소의 매력을 살려주는 곳이다. 문제는 건축물이나 가로를 디자인하는 사람들, 소유한 사람들 중 누구도 그러한 점을 중요하게 고려하지 않는 것이다.

우선 거리 매력을 지속적으로 키워낼 수 있는 디자인의 방향을 잡아야 한다. 그 첫걸음이 강화도의 역사 속에서 성장해 온 건축 소재와 디자인 소재에 대한 검토이고, 그것을 중앙로의 각 공간에 적용시키면 후에 자연스럽게 그러한 분위기가 주변으로 번져갈 것이다.

　강화도는 바람에 맞서 돌과 나무로 사람을 지켜온 역사의 고장이다. 섬 전체에 높고 낮은 산이 바다를 끼고 이어져 있으며, 곳곳에 역사문화의 유적들이 있다. 시조 단군의 마니산 참성단에서부터 선사시대 지배층의 돌무덤이 전역에 있으며, 삼국시대와 고려시대, 조선시대까지 역사의 수난 속에서 시대정신을 지킨 근거지 역할을 해 온 곳이다. 섬 전체가 역사 유적지이자 자연보고인 것이다. 시내 곳곳에서도 그러한 유적지의 성터와 성벽이 남아 있고, 종교성지도 있다. 따라서 중심시가지 경관도 그러한 점을 고려하여 계획되어야 한다. 이곳만의 독특한 디자인 코드가 있는데 다른 것을 취하는 것은 바람직하지 못하다. 문제는 그것을 어떻게 공간 요소로서 해석하는가에 있다.

　그러나 이러한 자원활용의 의미를 잘못 이해하면 자원이 가진 외형적 요소의 복제에 힘을 쏟게 된다. 곳곳에 마니산 캐릭터를 넣거나 청자형태의 조형물을 넣는 등의 방식이다. 실제로 강화도 곳곳에는 그러한 조형물들이 아주 많다. 그러나 과연 이 지역을 찾는 사람들이 그러한 요소들을 보고 강화도의 역사와 문화를 제대로 느낄 수 있을까. 테마파크는 그런 요소들을 강조하여 방문객들에게 즐거움을 주는 공간이지만, 강화도가 테마파크가 된다는 것이 가능할까. 시각적 설명이 이해하기는 쉬워 보이지만, 도시의 더 좋은 매력

강화군 진입부 풍경 지역의 캐릭터가 많으나 쉽게 이해하기 어렵다

을 저하시키는 경우가 허다하다. 강한 색, 강한 이미지를 부여하다 보면 실제로 봐야 할 장소의 매력이 오히려 보이지 않게 된다. 이에 대해서는 우리 은사님이 멋진 말씀을 하셨는데, '사과가 많이 나는 곳에 사과형태를 디자인하지 말라. 실제의 사과를 제대로 볼 수 없게 된다'. 지금도 유효한 명언이라 생각된다.

우선 강화를 상징하는 풍경을 시대에 따라 분류하고, 보행로에 편안한 휴게공간 조성을 1차 목표로 세우고 계획에 들어갔다. 또한 이곳은 야간에 상가가 거의 문을 닫아 전체적으로 거리가 어둡다는 문제가 있었다. 따라서 야간의 거리 분위기를 살리면서 안전하게 보행할 수 있는 대안도 요구되었다. 이 외에 시설물의 혼잡함을 없애기 위한 전주의 지중화와, 가로등과 통신지주, 배전함, 신호등, 안내사인 등의 시설물 정리도 중요하였다. 최근은 스마트폰을 사용하는 운전자가 대다수여서, 가로변 안내사인의 의존도는 그렇게 높지 않다. 그럼에도 크기는 상대적으로 커서 거리의 풍경을 해치는 경우가 많다. 이와 함께 노후화되고 통일성이 떨어지는 바닥포장을 강화의 풍경을 살리는 소재로 변경할 필요가 있었다. 상가의 간판과 가로의 연속성을 해치는 건물 외관색채의 보완도 필요하여, 이에 대한 계획도 동시에 진행하였다.

이러한 대상지의 요구조건을 정리하여 기본적인 디자인 방향을 설정하였다. 이 방향에는 몇 가지 특징이 있는데, 풍경에 과하지 않게 지역특성을 반영할 것, 거리를 사용하는 사람들이 쾌적하게 사용할 수 있도록 할 것, 따스하고 편안한 공간을 조성할 것과 같은 세 가지로 요약할 수 있다. 이는 기존의 많은 가로정비에서 지역특성을 과하게 강조하다 보니 오히려 도시 이미지를 저하시켰던 문제점을 고려한 것이다. 이 가로는 강화군의 중심부를 연결하는 선적인 요소로서, 최소한의 지역소재와 풍경만으로 강화를 이어주는 효과를 기대했기 때문이다.

그렇게 정해진 계획의 콘셉트가 시간과의 공존이다. 우선 여기서 강화의 역사적인 모티프는 빠지기 어렵다. 그러나 굳이 너무 많은 이미지를 넣게 되면 실제의 역사적인 분위기가 저하될 수 있다. 그러한 생각에서 착안해 낸 아이디어가 강화의 시대흐름을 소재와 공간구성으로 전개하는 것이었다.

모든 시대에는 그 시대의 기술과 문화, 선호에 따른 건축양식 등에 사용되는 주된 소재가 있다. 소재는 자연소재라면 얼마든지 혼합하여도 공간에 큰 부하를 주지 않는다. 그리고 강화 중앙로의 끝자락에는 이미 역사 상징인 서문이 있어 그곳과의 연속성을 살리면 자연스럽게 현재와 과거의 기억을 잇는 선적 공간이 형성된다. 불과

"시간과의 공존"
상대적 속도의 시간, 여러개의 강
선사부터근대, 현대까지 어우러진 역사의 땅 강화도
역사와 시간의 흐름과 지역의 정체성을 강화의 물줄기로 형상화

강화 중앙로 디자인 콘셉트

몇 백 미터 정도의 거리이지만 이 거리에서 강화의 스토리를 전달할
수 있다는 것만으로 중심가로의 역할로서 충분하다.

디자인은 선사시대에서부터 삼국시대, 고려시대, 조선시대, 근현
대까지 총 5가지의 강화 이미지로 구성하였다. 그리고 공간 이미지
는 선사시대의 석재와 삼국시대의 돌담, 고려시대의 청자, 조선시대
의 석재, 근현대의 콘크리트가 하나의 가로에서 사인과 시설물에 자
연스럽게 스며드는 방식으로 표현하였다. 이렇게 하면 공간이 산만
해질 우려도 있으나, 자연소재의 포장을 따라 천천히 걸으면 산만
함은 느끼기 어렵다. 여기에 공간의 분위기를 고려하여 버스정류장
과 펜스, 조명시설, 결절부 디자인, 휴게시설 등을 자연스럽게 접목
시켰다.

바닥 중앙부에는 시대의 흐름을 자연스럽게 이어주는 시대별 주
요 설명을 동판에 새겨 이어주었다. 이를 통해 걸으며 각 시대의 주

강화군 역사의 길
선사시대부터의 강화의 역사를 패턴화해 공원과 도로로 표현

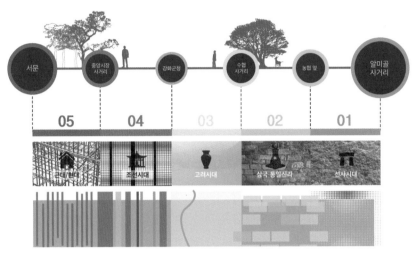

강화 중앙로의 스토리 전개 선사시대부터 근현대까지의 시대구성을 소재로 재현하였다

평면도
알미골 사거리~강화중앙시장 사거리   총거리 약 870m / 도보 15분 / 자전거 5분

강화군청 일
고려궁지 가는 길
나들길 가는 길
강화군의 문화, 상권의 요충지
[강화군의 중심] →

강화군의 강한 랜드마크 확립

디자인 설계

❶ 로타리 조성(상징조형물설치)
강화군의 랜드마크 확립

❷ 도로 변경(휠로드,노면주차)
체험관광코스 확립,주차공간 확보

❸ 휠로드 스테이션 설치
전동휠 대여/휴게공간

❹ 금연거리 조성(흡연부스 설치)
깨끗한거리 유지

❺ 가로등, 신호등철거
통일된 파사드 계획과정리

❻ 매입조명 펜스 설치
야간경관 조성

스토리라인

"시간여행자, 강화군의 역사를 거닐다"

근대/현대   조선시대   고려시대   삼국·통일신라   선사시대

전체 마스터플랜

요한 사건과 이야기를 볼 수 있게 되었다. 실제로 그 길을 자세히 읽으며 가는 사람들은 많지 않겠지만, 이러한 소재의 변화와 기록이 공간에 작은 재미를 더해 주길 기대하고 구성한 결과이다. 이 디자인은 협의과정에서 보다 적극적인 이미지 표현의 요구에 난항을 겪게 되었다. 결국 과도한 디자인이 공간에 부하를 줄 수 있다는 점을 강조하여, 최종적으로는 기존 디자인으로 조정되었다.

이 거리는 현재 상황만 보면 보다 적극적인 디자인 적용이 바람직할 수도 있다. 그러나 지금의 노후된 건물과 시설물들이 언제인가는 새롭게 변할 때가 올 것이다. 그때는 오히려 역사적 분위기를 살린 경관이 이 거리의 개성을 더욱 키울 것이다. 그런 점에서 역사문화를 고려한 소재 중심의 가로디자인은 지금보다 10년 후에 그 가치가 커질 것으로 기대한다.

눈으로 곱씹는 재생

이렇게 5개월 정도의 기간을 거쳐 최종적인 디자인과 시뮬레이션이 완성되었다. 아마 개선이 완료되면 많은 사람들은 가로의 디자인을 다소 심심하게 느낄 수도 있다. 화려한 색과 구조물도 없고, 저녁의 야간조명도 너무 차분하다. 그동안 이곳의 터줏대감이었던 각종 시설물이 사라져서 깨끗해진 점은 좋다고 생각할 수도 있을 것이다. 그러나 무엇인가 넣는 것을 선호하는 사람들은 아무것도 안 했다고 생각할 수도 있을 것이다. 모든 도시의 디자인이 "아!" 하고 전달되면 좋겠지만, 실제로 그러한 자극적인 디자인은 자극적인 음식처럼 또 다른 자극을 유발하게 된다. 그리고 그러한 것을 기대하고 이곳을 바라보면 실망이 더 클 수도 있다. 이 디자인은 평양냉면처럼 심심하지만 오랫동안 음미하면 그 풍미가 나오고, 강화의 분위기가 서서히 느껴지는 그런 공간을 기대하며 만들었기 때문이다.

최근 많은 지역에서 도시재생을 외치며 구도심을 성급하게 개선하고 있다. 하지만 그렇게 모든 것을 빠르게 재생시키는 방식으로 과연 제대로 공간이 재생될지는 두고볼 일이다. 르네상스의 재생이 그리스 인본주의로의 재생을 의미한 것처럼, 단순한 외형의 재생보다 우리 시대정신의 재생이 도시 속에 필요한 것은 아닐까. 보고 또 보며 눈으로 곱씹으며 즐길 수 있는 거리의 풍경을 만들어나가는 자세가 필요한 것은 아닐지 자문할 때이다.

시간을 담는 디자인 그리고 그것을 만드는 시스템

지금도 전국의 많은 장소에서 역사문화를 살린 가로디자인이 시도되고 있고, 이미 많은 곳은 성과가 나타나고 있다. 많은 디자이너가 우리 도시에서 계승되어 온 풍경을 새롭게 해석하고 계획한 노력의 결실이라고 생각된다. 대구의 근대문화거리도 그렇고, 서울의 마포문화기지도 그러하며, 군산의 근대항 재생도 좋은 예이다. 공간을 바라보고, 해석하며, 디자인하는 방식이 기존과 많이 달라지고, 차별화된 공간문화를 만들어나가고자 하는 그들의 모습에서 놀랄 때가 많다. 그것도 불과 10여 년의 짧은 기간에 이 정도 수준으로 올라온 것이다. 그동안 우리가 얼마나 이러한 디자인에 목말라했었고,

그 많은 디자이너가 잠재력을 펼칠 장을 찾지 못했던 것 같아 아쉬운 생각도 든다. 우리 도시에 축적되어 온 공간의 기억과 형태를 새롭게 재해석하는 이러한 노력과 시도는 향후 우리 도시디자인의 미래를 적지 않게 기대하게 하는 힘이기도 하다.

그럼에도 아직까지 국외의 앞선 도시들의 디자인에 비하면 아쉬움이 드는 점이 적지 않다. 무엇보다 유사한 디자인이 증가하고 있는 점과 디자인 결과를 마무리 짓는 시공력의 부족함도 아쉽다. 그것은 계획 발주방법의 문제가 크지만, 공간을 디자인하는 전문가의 노력 부족과 시공을 담당하는 전문가의 책임감도 적지는 않을 것이다. 행정 역시 공사의 대다수가 1년 남짓으로, 불량시공을 유발시킬 무리한 공기를 제시하는 경우가 많다. 조금만 인내심을 가지고 계획하고 시공할 수 있는 환경이 요구되며, 이를 뒷받침할 시스템을 행정에서 마련해 나가면 현재보다 더 가치 있는 공간을 만들 수 있지 않을까. 또한 전문가 역시 다소 충돌이 생기더라도 역사문화공간에 대해서는 장인과 같은 책임 있는 자세가 요구된다. 당연히 행정 관계자들은 그들이 책임 있는 자세로 계획과 시공에 전념할 수 있도록 재정적, 시간적 지원을 해나가야 할 것이다.

하나 더, 모든 새로운 것이 좋은 것은 아니다. 때로는 낡고 오래되어서 좋은 것도 있다. 역사문화공간에서는 오래되었더라도 잘 사용되고 있고 그 나름의 풍경을 가지고 있다면, 무리하게 손대지 않는 것이 미래를 위해서는 좋다. 굳이 손을 댄다고 좋은 디자인이 되는 것은 아니며, 그 모습 그대로가 가치 있는 것은 그대로 남기는 자세야말로 좋은 디자인의 자세이다. 그것이 시간을 담아가는 디자인이다.

이제 이 강화 중앙로를 걸으며 많은 주민들과 방문객들이 강화도 곳곳으로 이동하게 될 것이다. 10년 후에 지금의 소재에 때가 끼고 녹이 슬면서 강화의 역사와 함께 나이가 들어가는 품격 있는 거점이 되길 기대해 본다. 그때면 같이 이 공간을 만들었던 사람들과 주변 시장에서 막걸리 한 잔 시원하게 마시며 자랑스럽게 이 거리를 바라볼 수 있지 않을까.

강화군 중앙로 경관 업그레이드 프로젝트 최종결과

선사시대 구간의 최종 디자인

삼국 통일신라시대 구간의 최종 디자인

계획기간 2017년

기본설계·실시설계 청암엔지니어링, 이석현디자인연구실

사업시행 강화군청

시공기간 2017년 ~ 2018년

지원기관 인천광역시청

가로 지주사인 최종 디자인

야간조명 최종 디자인 2

에필로그 1

강화도 볼음도의 경관재생

2018년의 시작에 볼음도라는 섬의 경관재생에도 관여하게 되었다. 강화군에는 인근에 수많은 섬이 또 있는데, 군사지역이라는 한계로 인해 발전이 더디고 본연의 자연풍경이 남은 섬이 많다. 대표적인 섬이 석모도와 교동도, 그리고 볼음도이다. 우리나라 연안의 작은 섬들은 아담하고 매력적인 곳이 많은데, 강화도 주변의 섬들은 높지 않고 분단 경계선과 가까워 개발의 손길이 닿지 않아 자연 그대로의 매력을 간직한 곳이 많다. 그럼에도 섬에 들어선 건물과 주택, 시설물에서 자연과 조화되는 매력은 찾기 어렵다.

볼음도는 그런 상황에서 시작된 작은 경관개선 계획이었으며, 우리는 짧은 기간이었지만 한국의 나오시마를 지향할 수 있는 섬을 만들고자 했다. 섬의 자연을 존중하는 비우는 디자인으로 섬의 입구와 가로, 마을의 창고 등에 대한 재생을 시도하였다. 그리고 이전

볼음도의 전경 아담하고 포근하다

에 비해 차분한 섬으로 풍경이 변화되었고, 앞으로의 성장 가능성
도 높였다.

　그 전후의 풍경 일부를 에필로그에 공유하고자 한다. 앞으로 곳
곳이 자연의 아름다움으로 넘치는 매력적인 섬으로 성장하길 바
란다.

볼음도

볼음도의 생태습지 사람의 손길이 닿지 않은 생태의 보고이다

볼음도의 마을 진입부 볼음도의 경관에서 가장 열악한 곳이 건축물과 시설물이다

계획기간 2017년   **시공기간** 2017년
기본설계 이석현도시디자인연구소   **사업시행** 강화군청

개선 후 마을 진입부 풍경 자연소재의 연속성을 담았다

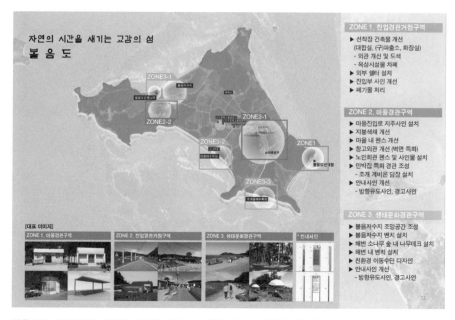

볼음도의 마스터플랜 자연의 시간을 새기는 교감의 섬으로 방향을 잡았다. 모든 인공물은 자연의 교감을 위한 도구로서 풍경의 일부가 되도록 디자인되었다

디자인 방향

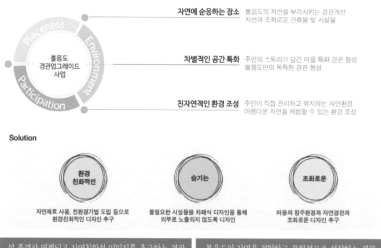

콘셉트 간결하고 명확하게 디자인방향을 잡았다

개선 후 수변 생태습지 인공물을 비우고 자연소재의 벤치에 앉아 습지를 감상하도록 하였다

개선 후 마을창고 건물의 원형은 손대지 않고 구조만 보강하여 옛스러운 모습을 그대로 재현하였다

걸을 수 있는 안전한 환경을 통한
거리재생디자인

광주시 도곡초등학교·광남초등학교
통학로 유니버설디자인 및 안전디자인 프로젝트

통학로가 없는 초등학교?

국내의 초등학교는 2017년 기준으로 6040곳이며 그중에서 경기
도에는 1241곳의 초등학교가 있다(국가통계포털, 2017). 이 중에서 신
도시에 조성된 초등학교는 그나마 환경이 양호한 편이지만, 구도심
의 초등학교는 주택 보급과 인구 증가에 맞추어 무리하게 조성한 곳
이 많아 도로환경이나 보행환경이 양호하지 못한 곳이 대다수이다.
그로 인해 그 수가 감소하고 있지만, 어린이 교통사고 사망자 수는
OECD 평균에 머무르고 있는 것이 현실이다. 실제의 많은 초등학
교 주변은 언제 사고가 나도 이상하지 않을 만큼 보행환경이 열악
한 곳이 많으며, 학교 주변의 불법주차와 열악한 도로환경으로 인
한 사건사고에 대한 기사는 그리 어렵지 않게 접할 수 있다. 물론
이것은 비단 초등학교 주변만의 문제는 아니며, 중고등학교를 비롯
한 대다수의 학교 주변 통학환경은 안전과는 거리가 먼 경우가 많

다. 이는 결과적으로 학교의 양적 확대에는 큰 노력을 기울였지만, 질적으로 안전하게 통학 가능한 환경 구축은 등한시한 결과라고 할 수 있다. 게다가 어린이들이 예상치 못한 사고에 대한 반응이 느린 점까지 고려한다면, 학교 주변의 열악한 보행환경은 우리 사회와 도시의 책임이라고 할 수 있다. 최근 늦게나마 학교 주변환경의 개선을 위해 다양한 시도를 하고 있다는 점은 긍정적인 현상이다. 그럼에도 어른들이 도시를 바라보는 시점을 어린이 눈높이에 맞춰 사고를 대비하지 않는다면, 현재의 어두운 상황이 개선될 가능성은 크지 않을 것이다.

이런 측면에서 최근 학교 주변의 옐로카펫(Yellow Carpet)과 같이 횡단보도의 대기공간을 노란색으로 칠하는 활동은 인식개선에 큰 도움을 준다. 그럼에도 지속적인 환경개선에 도움을 주는지는 의문을 던지게 된다. 우선 칠해진 노란색은 특수처리를 하더라도 약 6개월이 지나면 오염과 변색으로 주목성이 현저하게 떨어진다. 그로 인해 꾸준히 관리되지 않는 한 거리에 지저분한 요소로 자리 잡게 될 우려도 크며, 야간에는 그 역할을 거의 하지 못한다. 결국은 사고대처가 미흡한 어린이와 노약자와 같은 사회적 약자를 배려한 안전한 보행로 조성과 속도저감 환경 및 차와 사람 사이의 시각적 차폐요소의 제거와 같은 개방된 환경 조성이 최소한의 대안이라고 할 수 있다. 그 외에 녹색어머니회 활동과 같은 성인들의 어린이 보호활동도 있지만, 그 역시 사회의 책임을 개인에게만 전가하는 부분적인 대안이다. 대다수 사람들은 골목에서 교통사고가 발생하면 운전자나 보행자 개인의 잘못으로 여기는 경우가 많다. 그러나 그러한 사고는 발생을 유발시킨 공간환경의 영향이 더 큰 경우가 많다.

도심 곳곳에 그려진 옐로카펫 시각적으로 효과는 있으나 곧 지저분해지고 무감각해진다. 이러한 단기적인 처방 외에 도로를 넓히고 대피공간을 조정하는 물리적인 개선 노력이 필요하다

　안전에 있어 익숙함은 영역성을 만들어 외부 위험을 사전에 차단하는 긍정적인 효과도 있지만, 반대로 주변 위험요소에 대한 경계심을 허물어버리는 단점도 있다. 우리 주변에는 사고를 예측할 수 없도록 하는 많은 요소들이 있지만, 몰라서, 때로는 알면서도 나와는 거리가 멀다고 애써 등한시하는 경우가 적지 않다. 아마 이전에는 지금의 자동차사회를 예상하지 못하고 안전에 대한 논란도 예상 못했을 수도 있다. 행여 예상했더라도 주택의 보급과 개발이 우선시되어 무시되었을 것이다. 먹고 사는 문제와 집 공급이 우선시되는 시대에 안전에 대한 문제 제기는 오히려 발전의 장애로 여겼을 것이다. 그러나 결론적으로 그러한 익숙함이 주변의 위험에 대한 반응을 둔감하게 하면서, 우리는 공간을 개선할 많은 기회를 놓

쳐 왔을지도 모른다.

신도시로 이사를 가는 것만이 안전한 육아의 유일한 대안이 아니며, 구도심에서도 가능하다는 것을 지금이라도 공간의 개선을 통해 보여줄 필요가 있다. 도색과 같이 저렴한 비용으로 구도심의 안전을 확보하는 것이 아닌, 공간환경을 근원적으로 개선하여 어린이와 학부모가 안전에 들이는 시간을 보다 긍정적 활동에 사용할 수 있도록 도시를 바꾸어나가야 한다.

도곡초등학교 유니버설디자인 및 안전디자인 프로젝트

경기도 광주시의 도곡초등학교와 광남초등학교 주변은 앞에서 설명한 열악한 구도심 통학환경을 가진 대표적인 곳이다. 실제로 경기도의 대다수가 공통된 통학로 문제를 가지고 있지만, 그중에서도 이곳은 특히 심각하다. 우선 학교 주변에 제대로 된 보행로가 없다. 여기서는 아이들이 적당히 차들을 피해서 등하교를 해야 하며, 특히 정문 앞 차가 한 대 정도 지나갈 정도의 좁은 도로에 보행로가 없어 사실상 차를 피해 걷는 것은 거의 불가능하다. 문제는 그 사이로 사람들이 보행을 한다는 점이다. 이런 환경에서는 언제 교통사고가 일어나도 이상하지 않다. 게다가 아이들은 차를 피해 학교 담장 조경석 위로 이동하는 경우도 있어 추락사고의 위험도 크다.

주민들 역시 이 길을 다니기 꺼려하는데, 문제는 안전한 이동을 위해 초등학교의 안길을 이용한다는 점이다. 이는 익명의 사람들에게 초등학교 내부가 노출되고, 동시에 사고의 위험성이 높아지게 된

다. 그럼에도 외부에 보행로가 없어 그들에게 이 길의 사용을 무조
건 제한하기도 어렵다. 지역주민들은 도시계획도로의 개설만을 기
대하고 있었으나, 그 역시 언제 될지 알 수 없는 상황이었다. 이러한
학교 주변은 등하교 시에 학원차량과 학부모들의 통학차량까지 겹
쳐 그 차들의 앞뒤로 돌발적인 교통사고의 우려도 크다.

　게다가 학교 후문에는 전나무 담장이 조성되어 있는데, 사계절 무
성하여 내부에서 무슨 일이 생겨도 외부에서 전혀 감시가 되지 않아
안전사고의 우려가 높았다. 초등학생들은 사고를 예측하는 능력이
낮고 돌발적인 행동의 가능성도 높다. 이렇듯 외부와 시선이 차단된
환경에서는 부모님이나 친구들, 학원차량이 보이면 그냥 뛰어나오다
사고가 나게 된다. 많은 사람들은 학교의 나무가 아이들의 교육환경
을 풍성하게 한다는 믿음이 있어 나무를 없애는 것에 대해 민감하

도곡초등학교 정문 앞 보행로　차량이 지나가면 피할 공간이 거의 없다

다. 물론 이것은 지극히 당연한 반응이다. 그러나 그 나무가 상징적이고 보호할 가치가 있는가에 대해서는 신중한 검토가 필요하며, 오히려 어린이들의 안전을 저해한다면 그 존재에 대한 검토가 필요하다. 실제로 도곡초등학교 후문의 수목은 경관적으로 큰 가치도 없었고, 후문에 등하교차량이 집중되는 점을 고려할 때 안전사고예방 차원에서도 조치가 필요했다.

이렇듯 도곡초등학교 주변은 어린이들을 위한 어떤 보호장치도 없었으며, 오로지 어린이들의 안전통학은 녹색어머니회의 활동에 의지하고 있었다. 게다가 야간의 보행안전은 전혀 확보되지 않았으며, 비상상황이 발생되어도 대처할 수 있는 신고수단이나 대피공간이 없었다. 문제는 도곡초등학교만이 아닌 전국 구도심의 많은 수의 초등학교가 유사한 상황이라는 점이다.

도곡초등학교 후문 앞 수목으로 입구가 가려져 있어 차량 이동의 예측이 어려우며 수목 뒤의 엄폐공간에서는 다양한 사건사고가 일어날 가능성이 높다

어머니들의 힘

　첫 단계는 언제나 쉽지 않다. 솔직히 최근에 진행한 수많은 계획 중에서 협의가 가장 어려웠다. 신도시와 같이 기존 거주민이 없는 곳은 새로운 구성원들과의 협의만 거치면 되지만, 구도심은 다양한 구성원들이 모여 있어 의견 조정이 쉽지 않다. 작은 구역이라도 초등학교와 관계된 구성원이 있고, 학교 앞 도로를 주로 이용하는 주변 아파트 주민들이 있다. 또한 주변의 학원 등 상권 관계자들이 있으며, 학부모와 학교 관계자의 의견 또한 같지 않다. 거기에 지역 대표자들의 의견은 또 다르고, 사업을 추진하는 행정 내부에서도 부서에 따른 입장차가 있다.

　첫 워크숍에서 아주 간곡히 이러한 어려움을 설명하고 어린이들의 안심환경 조성을 위해 조금씩 양보하고 협의하자고 당부하였다. 처음에는 큰 이견이 없었으나, 토론과정에서 어린이들보다는 각자의 이익에 따라 의견이 나누어졌다. 관계자들과 의견을 나누어도 모두들 원하는 것이 달라 의견이 모아지지 않았다. 두 번째로 지도를 펼쳐 놓고 대안에 대해서 머리를 맞대어 보았다. 기존 보행환경이 워낙 열악하다 보니 어떤 의견이 나와도 썩 마음에 들어 하지 않았다. 그래도 몇 번에 걸친 회의를 통해 학부모들을 중심으로 어느 정도 의견이 조정되어갔다.

"소수의 100%가 만족하기보다 다수가 70% 만족하는
계획안을 만들고 우선 어린이들에게 양보하자"

이 슬로건을 목표로 의견을 조금씩 좁혀 갔으며, 조정과정에서는 초등학생 어머니들의 절실함이 큰 힘이 되었다. 도시계획도로를 기다리지 왜 보행로를 만드냐는 의견부터, 그런 돈을 들여 보행로를 만드는 것이 어떤 의미가 있느냐는 등의 다양한 불만이 나왔으며 고성도 오고 갔다. 특히 관련 기관과의 협의는 난항을 거듭하였다. 토지 소유의 문제를 가지고 보행로 조성에 대한 반대가 만만치 않았다. 그렇게 몇 달을 소비하며 다시 협의를 하였다.

과연 그만한 돈을 들여 어린이들을 위한 최소한의 보행로를 만드는 것이 가치가 없는 일이었을까? 우리는 매번 같은 시행착오를 하면서도 왜 다음 세대를 위한 환경 개선에는 인색한 것일까? 어린이를 혼자 학교에 보낸 적이 있는 어머니, 녹색어머니회 깃발을 들어본 어머니들은 어린이들이 얼마나 위험한 환경에 있는지 누구보다

디자인 해결 워크숍 지도를 놓고 서로의 의견을 내며 방안을 조율한다

절실히 알고 있다. 사실 그 마음으로 도시와 가로를 바라보지 않으면 안전한 통학로를 만들기는 쉽지 않다.

그렇게 힘든 시간을 보낸 후에 관계자들의 노력과 협조로 최종적인 디자인이 정리되었다. 최종 디자인에는 학교 주변에 안전한 보행로를 만들고, 정문 조경석 부분에 보행로를 만드는 안이 제안되었다. 또한 학교 내부가 사방에서 보일 수 있도록 후문 주변을 개방감 있게 변경하고, 노약자와 어린이, 휠체어와 유모차가 쉽게 통과할 수 있도록 단차를 제거하였다. 적어도 두 번 이상 포기하고 싶을 정도로 난항이 있었지만 최종 계획안 도출이 가능했던 것은 어머니들과 행정 담당자들의 열정의 힘이 컸다. 조정 후부터는 세부적인 계획만 남아 있어 오히려 부담이 크지 않았다. 기술적인 조언은 관련

최종 전문가 회의 조정된 디자인을 최적의 디자인으로 조정하는 회의를 열었다

전문가들이 검토회의를 통해 진행하였으며, 설계회사는 최적의 디자인으로 정리해 주었다.

디자인의 결실

이렇게 정리된 도곡초등학교 주변의 통학로 디자인은 다음과 같다. 우선 초등학교 주변에 안전한 통학로를 조성하였다. 이는 시도해 본 사람은 누구나 공감하겠지만 절대 쉽지 않다. 우선 학교 주변에 보행로가 없고 사유지와 공유지가 혼재되어 있는 곳에서는 더욱 그렇다. 계획대상지가 전부 공유지면 수월하지만, 사유지가 포함된 경우 동의를 얻어야 하는데 대부분의 경우 동의를 얻기 어렵다. 어린이들의 안전한 환경 조성이 지역 전체의 가치 상승으로 이어져 학교나 토지소유자 모두에게 이익이 된다고 설명해도 쉽게 협의되지 않았다. 이전의 묵은 갈등까지 있어 행정의 공간 개선에 부정적인 인식을 가지고 있기 때문이다. 오랜 토론으로 보행로 조성은 합의되었지만, 많은 도시재생에서 개별이익에 치중하여 지역 주거환경의 개선을 저해하는 것은 문제가 있다. 우리에게는 서로를 배려하는 지혜와 공생의 자세가 보다 요구된다.

보행공간은 안전한 통학로 조성이 핵심이지만, 최근 화두가 되고 있는 유니버설디자인의 개념을 적극 적용해 보행로의 단차를 제거하고 편한 이동이 가능하도록 하였다. 이는 유모차를 이용하는 여성들과 고령자들을 배려한 것으로, 야간에도 안전사고요인을 제거하는 효과도 있다.

공간 전체의 안전디자인은 영역성 강화에 초점을 맞추었는데, 여타 지역과 같은 과도한 색채 적용이 아닌 학교 전체의 개방성을 높이는 방식을 적용하였다. 이는 초등학교와 어울리는 경관 조성과도 연관이 있다. 이렇게 개방적 공간으로 영역성을 구축하는 방법은 색채와 사인만을 이용하는 방식에 비해 지속성이 높아진다. 동시에 주변 경관을 저해하던 전주와 사인, 소화전, 지장물 등을 제거하고 통합하여 쾌적한 경관이 확보되도록 하였다.

정문 앞은 기존 조경석을 제거하고 그 위로 안전한 보행데크를 확보하였다. 보행로 확보가 어려운 도로여건에서 나온 아이디어로, 다른 대안이 없는 상황에서 보행로를 만들 수 있는 최선의 방안이었다.

이러한 협의에 행정 담당자들은 적극적 개입이 어렵다. 학교 관계자들 역시 마찬가지 입장이며, 토지 사용에 관해서는 더욱 보수적으로 대처하는 것이 일반적이다. 따라서 전문가가 적극적으로 개입하지 않으면 문제 해결은 쉽지 않게 된다. 도곡초등학교에서도 관계자들 사이에서 안전한 환경이 지역에 가져오는 이익을 주장하여 최종 협의가 이루어졌다.

적지 않은 시간이 걸렸지만, 행정의 일방적 사업 추진으로 인한 부작용을 생각하면 그 정도의 시간과 노력은 크지 않다. 그럼에도 계획 진행에 있어 관계기관의 원만한 협력 시스템은 지속적으로 구축되어야 할 과제이다.

또한 학교 담장의 은행나무 처리도 난항을 겪었다. 이 나무를 제거하지 않으면 보행로 조성이 어려웠는데, 학교에서 나무의 보존을 강력히 요구하였고, 결국 은행나무를 피해 보행로를 조성하였다. 동

교통 안전계획을 통하여 안전한 통학로 조성

보행로 확보	**교통안전계획**	**영역성 강화**	**야간조도확보**
안전한 등하굣길을 위해 보행공간 확보 및 지정 승하차 구간 조성	차량 속도 저감으로 교통 안전 계획	어린이보호구역 영역성을 확보하여 인지성 강화	야간조도확보가 미흡한 공간에 보행자를 고려한 조명 계획

(쌍 동 1 리)

(쌍 동 3 리)

도곡초등학교

1. 보도 신설
2. 통학버스 승·하차 구역 지정
3. 학부모 쉼터(맞이공간)
4. 고원식 횡단보도
5. 어린이보호구역 노면도색(적색)
6. 과속방지턱
7. 지정물 제거 및 개선
8. 어린이 보호구역 표지판
9. '어린이 보호구역' 노면표기
10. 방음벽
11. 보행등
12. 휀스 라인조명

마스터플랜과 주요 콘셉트

초등학교 정문의 보행로 조성 후 이미지 목재를 이용하여 친환경적 이미지를 높이고 바닥에는 보호도색을 하여 차량 운행 시 안전에 유의하도록 유도하였다

시에 주민의 야간 보행안전을 고려하여 보행로에 조명을 추가로 설치하였다.

후문 주변에는 등하교 시 학원차량 및 보호자의 차량이 빈번하게 통행하나 안전하게 승하차할 공간이 없었다. 이는 등하교 시 교통사고의 위험을 높이는 요인으로서 개선이 요구되었다. 이에 정문 앞 도로에 등하교 시 학원차량과 학부모 차량의 정차공간을 조성하고, 주차공간을 표시하는 안내사인을 부착하였다. 이를 통해 기존에 비해 경관적으로 쾌적해졌으며, 고원식 보도를 설치하여 단차 없는 안전한 보행환경도 조성하였다. 동시에 안내사인의 디자인을 통일하여 주변에 비해 사인의 시인지성을 높이는 작업도 진행하였다.

후문은 개방성을 최우선으로 두고 디자인되었다. 물론 후문 담

정문 앞 승하차장소의 개선 이미지 안전한 승하차공간 조성으로 교통사고의 위험을 줄이도록 하였다

장의 나무 제거에 부정적인 의견도 있었지만, 그렇게 가치 있는 수목도 아니었기 때문에 제거로 방향을 잡았다. 공유지와 학교부지가 조금씩 걸려 있어 협의가 쉽지만은 않았다. 결국 학교부지와 공유지 사이에 옹벽을 설치하고 공유지의 자투리공간에 어린이 한두 명이 보행 가능한 보행로를 조성하는 것으로 정리되었다. 실제로는 별로 넓지 않은 공간이지만 어떻게라도 보행로를 만들기 위해 고민한 결실이었다.

후문 디자인 협의는 행정 담당자들의 꾸준한 조정과 함께 학부모들의 협력이 큰 힘을 발휘했다. 그들은 등하교 시간에 생겨나는 사고의 유형과 문제점, 학원차량과 주민 차량의 사고위험, 후문 앞 상가와의 공간 조정, 기간대별로 요구되는 안전사항 등 구체적인 의견을

후문의 조성 이미지 개방된 공간으로 사고의 우려가 줄고 단차가 제거되어 안전하게 공간을 이동할 수 있다

제시하였고, 그로 인해 보다 현실적인 대안을 제시할 수 있었다.

서문은 다른 공간에 비해 사유지가 대부분이라 공적인 계획 추진에 한계가 있었다. 시설물은 전주와 안내사인 기둥, 통신시설의 기둥, CCTV의 기둥, 안내판, 소화전 등이 난립해 있어 혼란스러운 상황이었고, 보행에도 많은 지장을 주고 있었다. 시설의 난립은 시선을 분산시켜 주변 차량에 대한 인지를 느리게 하며 사고위험을 높인다. 이러한 지장물은 제거하는 것이 이상적이지만, 최대한 통합하고 수를 줄여 보행에 지장을 주지 않도록 하였다. 시설물 통합은 관련 부서 및 기관과의 협의가 중요한데, 다행히 소방서과 경찰서, 시청 내의 관련 부서와도 무난하게 협의되었다. 그 배경에는 담당 부서의 적극적인 중재 노력이 있었다. 그리고 주민 및 주변 상가와의

서문과 서문 앞 공간의 계획 이미지 보행공간의 조성과 시설물의 통합적 정비가 계획되었다

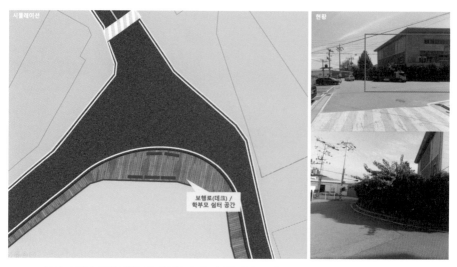

후문과 정문 사이 보행로의 휴식공간 및 전시공간의 조성 주변에 사람들이 쉴 수 있는 공간이 없는 점을 고려하여 자투리공간에 적극적으로 조성하였다

협의도 원만하게 조정되었다. 모든 디자인이 최적의 결과로 이어지기 위해서는 관계된 사람들의 적극적인 협력이 가장 중요하다. 전문가와 행정은 그러한 협력이 잘 진행되도록 지속적인 조정역할을 해야 한다. 도곡초등학교의 통학로 조성과정은 이러한 관계를 잘 보여준 사례였다.

대상지의 또 다른 문제로는 쉬고 교류할 수 있는 공간이 없는 것이었다. 쉴 곳이 없는 공간, 교류할 수 없는 공간에서 쾌적함과 매력이 생기기는 어렵다. 도곡초등학교 주변은 그러한 교류공간이 거의 전무한 상태이고, 주민들이 외부에서 만나고 쉬고자 해도 그러한 사치(?)는 용납되지 못했다. 이것은 행정가와 계획가들이 도시 조성 초기에 학교와 주택의 공급에만 주안점을 두고, 살아가는 데 필요한 문화와 여유, 휴식의 중요성을 몰랐거나 알더라도 애써 무시했기 때문일 것이다. 뒤늦게 그러한 공간을 조성하면 초기의 배 이상의 대가를 치러야 한다.

대상지 주변은 정문과 후문 사이의 도로가 넓어 그나마 교류공간의 가능성을 가지고 있었다. 이에 교차로에 학부모가 어린이들을 기다리고, 어린이들과 주민들이 쉴 수 있는 교류공간을 계획하였다. 또한 옹벽에는 그림을 전시하고 소식을 게시할 수 있는 소통통로를 마련하였다. 이러한 작은 배려는 향후 놀라운 거리풍경의 변화를 가져올 것이고 사람들이 이 공간에서 할 수 있는 행위와 교류의 폭도 훨씬 넓어질 것이다. 이렇듯 물리적인 공간의 계획에서도 사람들의 행위와 지역의 이야기와 같은 비물리적인 활동이 적극적으로 고려되어야 한다. 이를 통해 새롭게 조성된 공간은 시간이 지나며 사람들 사이에 자연스럽게 스며들고 지역의 일부가 되어갈 것이다.

그 외에도 화단이나 통일된 안내사인, 안전신호장치의 보완, 주변 속도방지턱의 설치 등 초등학교 일대의 보행공간과 풍경을 바꾸기 위한 다양한 내용이 추가되었다. 서문 쪽은 사유지가 많아 전체적인 보행로 확보가 힘들었다. 대신 색채로 보행로를 구분하고 단차를 없애 디자인의 통일성을 높이고 보행의 연속성도 높였다.

새롭게 바뀐 풍경과 장치

지난한 과정을 거쳐 2017년 초여름부터 시공이 시작되었다. 물론 시공도 만만치 않았다. 좋은 시공업체를 만나는 것도 쉽지 않고 날

씨가 잘 도와주어야 하는데, 모든 과정이 생각과는 다르게 진행되었다. 시공과정에서는 심심치 않게 사고도 일어났고, 도로를 일정기간 차단하는 것에 따른 민원도 적지 않았다. 모두가 이 계획에 동의하는 것이 아니기 때문에 중간중간 개인별로 설명을 해야 했다.

완공 후에는 주민과 학교 측, 어린이들 모두에게서 높은 만족감이 보였다. 이 모든 것은 공간에 필요한 것을, 좋은 과정을 거쳐, 열정적인 관계자가 힘을 모아 만든 결실이었다. 무엇보다 바쁜 일정에도 회의에 적극적으로 참여했던 학부모들의 노력이 컸다.

이제 도곡초등학교 주변은 이전보다 안전하게 걸을 수 있으며, 어린이들은 차량의 위협을 덜 받고 집으로 돌아갈 수 있게 되었다. 물론 야간에도 안전하게 걸을 수 있으며, 비상시에 도움을 청할 수단도 생겼다. 무엇보다 큰 성과는 학교 주변이 개방적이고 친환경적인 이미지가 된 점이다. 추가로 단차가 없는 환경은 노약자나 어린 자녀를 키우는 어머니들에게도 쾌적한 보행을 제공할 것이다.

도곡초등학교의 사례는 어린이들의 안전을 위하여 어른들이 무엇을 해야 하고, 계획과정의 난관을 어떻게 극복해 나가는가를 배울 수 있는 좋은 사례라고 생각된다. 모든 도시디자인에서 협의과정은 험난하다. 공간마다 조건의 차이가 있어 저마다의 디자인 해법이 필요하듯이, 구성원이 달라지고 관계자들이 달라지면 그에 맞추어 협의방식도 달라진다. 그러나 포기하지 않고 진심으로 노력하면 100%는 아닐지라도 최선의 성과로 이어질 수 있다는 것을 이번 사례는 보여준다.

모든 것은 사람이 하는 것이고,
사람이 사람으로 공간에서 풀지 못하면
좋은 공간의 디자인은 나올 수 없다.

광남초등학교 유니버설디자인 및 안전디자인 프로젝트

당연한 이야기지만 광남초등학교는 도곡초등학교와는 다른 공간조건과 구성원들이 모여 있다. 따라서 학교 주변의 안전하고 쾌적한 디자인이라도 다른 방식과 내용으로 접근해야 한다. 도시디자인에서 같은 디자인을 여러 곳에 찍어내는 것은 금기시되어야 한다. 그 공간의 사람과 역사, 문화적 조건을 고려하여 디자인을 풀어나가는 것이 도시디자인의 기본이기 때문이다. 따라서 지속적으로 공간을 조사·분석하고, 주민의견에 귀를 기울이는 것은 필수적이다. 그것이 디자인을 하는 데 있어 시간과 절차상 어려움을 주더라도 말이다.

광남초등학교는 학교 주변에 어린이들을 위한 보행로가 없다는 점은 도곡초등학교와 유사하다. 다른 점은 주변이 너무 복잡하여 우발적 교통사고의 위험이 더 크다는 점이다. 또한 상가 곳곳에 은폐된 공간이 많아 야간뿐 아니라 주간에도 범죄사고의 우려가 크다. 이러한 문제는 광주시를 비롯한 오래된 구도심 주택가의 대다수가 가지고 있으며, 학교가 생기기 이전부터 면밀한 검토 없이 주택허가를 내주던 시기의 산물이다. 보행로가 있더라도 안전장치가 미흡한 경우가 많으며, 차량통행이 우선시되어 보행공간은 잘 마련되어

광남초등학교 정문 앞 도로 복잡한 시설물과 차량으로 보행공간은 거의 확보되어 있지 못하며 이 길을 따라 어린이들이 통학을 한다

있지 못하다. 게다가 이런 공간은 '깨진 유리창의 법칙'과 같이 불법주정차가 많아 보행을 더욱 힘들게 하며, 건축선이 잘 정리되어 있지 못한 관계로 후에 보행로를 만들려고 해도 넘어야 할 난관이 많다.

어린이들과 주민들은 이 지역을 걸을 때 항상 조심해야 하며, 안전하게 걷기 위해서는 골목 안 샛길을 이용하는 방법이 있으나 그런 경우 여러 가지 안전문제가 대두된다. 이로 인해 학교 주변의 보행로 확보는 지역 주거환경 개선에도 중요하며, 특히 통학을 하는 어린이들에게는 필수적인 요소이다. 게다가 등하교시간이 되면 이 좁은 도로에 학부모들과 학원의 차량, 주변 상가의 차량까지 혼재되어 뒤죽박죽이 되기 일쑤이다. 그나마 있던 대로변의 보행로는 불법주차 차량으로 막히는 일이 잦아 통행을 위해서는 차로로 나가는 위

대로변의 보행로 보행로는 거의 제기능을 하지 못하고 보행자는 차로를 넘어야 이동을 할 수 있다

험을 감수해야 한다.

　과연 이런 상황에서 사고가 난다면 그것은 운전자의 잘못인가? 아니면 보행자의 잘못인가? 최근 인기 있는 방송사의 블랙박스 프로그램처럼 몇 대 몇으로 나누어야 하는가? 이것은 기본적으로 도로계획 자체에 문제가 있는 것이다. 또한 이러한 환경을 예측하지 못하고 인허가를 낸 행정의 잘못이 크고, 사익을 우선하여 무리하게 차도까지 주차장으로 활용하는 소유자의 잘못도 크다. 보행자는 사실상 피해자이다. 정확하게는 환경의 잘못이 100%이다. 이렇듯 도시 인프라는 조성 초기에 잡아야 하며 나중에 그러한 인프라를 바로 잡으려고 하면 배 이상의 비용과 수고를 감당해야 한다. 실제로 이러한 공간에는 건축물을 부수고 다시 신축하지 않는 한 완

골목길 보행로 간판과 시설물, 차량이 복잡하게 얽혀 있다

전한 해결책은 없다. 이것은 오래 전 상황도 아니며, 최근에도 이러
한 인허가가 나고 있다. 디자인 개선만으로는 이러한 환경의 개선에
한계가 있는 것이다.

광남초등학교에서도 도곡초등학교나 파장초등학교와 같은 방식
으로 주민들의 의견을 수렴하고 학교 관계자들과 문제점을 발견하
기 위한 토론을 시작했다. 특히 이곳은 간판개선도 동시에 진행되어
대상지에서 학원과 식당 등을 운영하는 관계자들과도 면밀한 협의
를 진행해야 했다. 이렇듯 협의 관계자가 많으면 실제 협의는 더욱
어렵다. 그것은 공간에 대한 개선의 요구는 많아지나 계획취지와 다
른 경우가 많고, 사람의 수만큼 문제는 늘어가나 책임감은 오히려
약해지기 때문이다. 결국 이는 참여의 저하로 이어지기도 한다.

디자인계획 설명회 반발과 토론의 연속이었으며, 학부모들의 요구를 오히려 쫓아가지 못하는 상황이 지속되었다

　또한 이전에도 유사한 계획이 진행되었지만, 성과가 크지 않았던 탓에 이번 계획도 그럴 것으로 예상하고 참여하지 않는 사람들도 적지 않았다. 다시금 학원가에서, 주민센터에서, 학교 주변에서 많은 사람들과 다양한 논의를 했지만, 도곡초등학교와 같은 관심을 보이진 않았다.

　그럼에도 학부모를 중심으로 회의가 진행되었고, 교문 앞에 보행안전공간을 조성하고 후문에 승하차공간을 조성하여 차량을 분산시키는 방안으로 의견이 모아졌다. 안전환경과 관련해서는 주민 협의를 통하여 사각지대의 출입을 막고 공간을 개방적으로 조성하는 것과, 야간안전을 위해 조명과 감시기구를 강화하는 안으로 정리되었다. 또한 위험지역에는 어린이들의 출입을 막기 위한 시각적인 장치도 추가되었다. 상인들과는 상가 홍보를 위해 간판의 디자인과 가로경관의 쾌적성을 높이기 위한 디자인을 합의하였다.

협의과정에서는 항상 예상치 못한 상황에 부딪치게 된다. 때로는 행정 내부에서 문제가 생기기도 하고, 때로는 (정말 불행하게도) 잘하던 담당자가 변경되기도 한다. 이러한 상황은 정말 최악이다. 가끔은 잘 하던 디자인 기업이 세부계획을 잘 풀어오지 못하고 내용 조율이 잘 안 될 때도 있다. 모두 사람이 모여서 하는 일이라 항상 잘 될 수만은 없다. 주민들도 잘 참여하다 어떤 이유에서 계획 추진을 가로막고 자신들의 주장만 관철하고자 할 경우도 있다. 시공사가 공사를 수준 이하로 하는 경우도 적지 않으며, 계획마감은 다가오는데 비가 와서 공사기간이 한정 없이 연장되는 경우도 있다. 이 모든 과정이 거의 지뢰밭이다. 아마 이런 과정을 드라마에서 봤거나 가족 중 누군가 이 분야의 종사자가 있어 실상을 미리 알았더라면, 이 방면의 종사자가 급격하게 줄었을지도 모른다(그런 점에서 영화나 드라마에서 보이는 건축가와 디자이너의 멋지고 화려한 포장에 대해 굉장히 만족하는 편이다).

다행히도 광남초등학교의 계획에서는 이러한 문제들이 딱 견딜 만큼만 발생했다. 도망칠 정도는 아니었다. 그것은 협력의 구조를 잘 조직한 덕분이기도 하다. 검증된 사람들도 있었고, 자기 주장만 하는 사람들은 없었기 때문이다. 서로가 중간 중간 힘이 되어 긴 강을 건널 수 있게 도와주었다. 그렇기에 도시의 디자인에서는 가급적 배려심이 있는 사람들을 모아서 추진하는 요령이 필요하다.

교문 앞 도로의 일방통행로 지정은 주민들의 반대로 어려울 것으로 예상했으나, 오히려 안전을 중시하는 분위기가 형성되어 힘들지 않게 반영되었다. 최대의 난관은 보행로 설치방향을 결정해야 하는 단계에서 나타났다. 주민들과 상인들 모두 자신들의 건물 앞으로 보행로가 나는 것을 반대했다. 차량의 주차장 진출입이 불편하다는 것이 주된 이유였다. 결과적으로는 주차장 출입환경의 개선을 전제로 상가 쪽으로 결정되었다. 하지만 보행로가 있는 것을 더 불편하게 여기는 분위기는 쉽게 바뀔 것 같지는 않다.

불법주차는 교통사고와 보행 지장의 가장 큰 원인이지만, 어느 곳에서도 그 문제에 대해 목소리를 높이지 못한다. 기본적으로 주차여건에 비해 과도하게 많은 차량이 문제이지만, 아무 곳에나 주차해도 된다는 인식의 문제가 크다. 또한 도시계획 시 주차공간을 너무 적게 잡은 영향도 크다. 지금도 실제 요구되는 주차공간에 비해 차량이 과도하게 많다 보니 불법주차가 늘어나고, 주차공간이 필요한 상

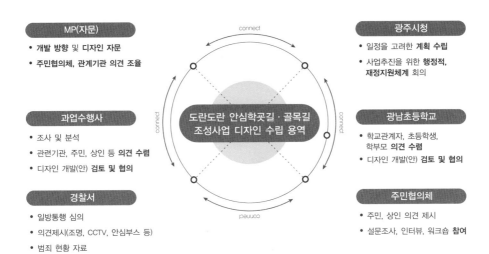

추진체계 이렇게 복잡한 협의체가 구성되다 보니 의견 조율이 어려웠지만 모두에게 긍정적인 계획의 토대가 되었다

가 주변 도로는 항상 복잡하다. 이러한 구도심의 주차문제는 택지 조성 시 주차공간의 확보와 차량 구입 시 주차공간 확보제 등과 같은 근본적인 대책이 필요하다.

도곡초등학교와 파장초등학교가 디자인 해결방안이 명확했다면, 광남초등학교는 우선 어디를 해결할지 애매한 상황에서 계획이 시작되었다. 이에 우선 계획의 위계와 공간의 질서를 세워야 했다.

공간의 디자인은 위계가 잡히면 일단 다는 아니더라도 기본적인 해결의 실마리를 찾을 수 있다. 여기서는 우선 주 동선을 잡고 보조 동선을 조정하여 차량과 사람의 흐름을 원만하게 해야 했다. 도로가 넓은 곳이 8미터, 좁은 곳은 2.5미터로 좁아, 어떤 계획으로도 차량과 사람이 집중되는 시간대에 원활한 보행을 보장하기 어려운 조건이었기 때문이다.

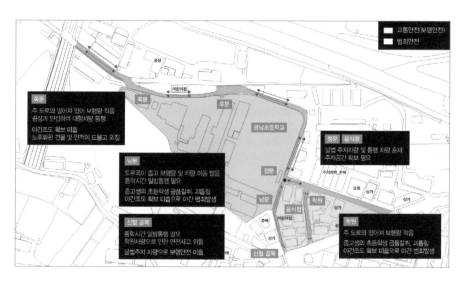

설문조사에 의한 공간개선 방향

이렇게 동선의 축이 잡히면 다음으로 부차적인 선을 잡아서 보행의 흐름을 연결하고 공간의 개성과 쾌적함을 부여해야 한다. 단순히 보행자도로의 확보와 도로의 정비만으로 환경의 지속적인 개선은 어렵기 때문이다. 경관적으로 개성이 있어야 하고, 쾌적한 교류공간의 대안도 모색되어야 사람이 살 수 있는 최소한의 환경개선을 기대

영역성 강화
- **보차도**의 물리적 · 심리적 **분리**를 통해 **보행안전 확보**
- **차량 · 보행자 행동특성**을 고려하여 **인지저해 위험요소 개선**
- 어린이보호구역의 **시인성 · 인지성 강화**로 **안전한 통학로 조성**

안전성
- **범죄예방환경설계(CPTED) 원칙**에 따른 기본구상 계획
- 범죄를 예방하는 **물리적 개선과 감성적 콘텐츠**로 안전한 마을 조성
- **유니버설디자인**을 고려한 스쿨존 **안전대기공간 조성**

소통공간 조성
- 커뮤니티 공간계획으로 마을사람들 간의 **친목도모 및 교류활성화**
- 교류활성화를 통한 **자연적 감시 증가와 마을 안전성 강화**
- 보행자의 인지성을 높이는 **보행자 안내사인계획**

디자인 콘셉트

범죄예방환경 설계

자연감시	접근통제	영역성 강화	활용성 증대	유지 및 관리
자연스러운 감시환경 조성	범죄예방, 심리적 접근통제	물리적 특징 강화 사각지대 개선	자연스러운 감시와 안전감 유도	미관정비를 통한 쾌적한 환경 조성
• 안심존 조성 • 지장물 제거 (시야차폐) • 야간조도 확보 (라인조명, 보안등)	• 방범용 CCTV 카메라폴 설치 • 반사경 설치 • 차단시설	• 범죄예방사인 설치 • 투시형 담장 설치 • 시설물 위치 변경	• 아동안전지킴이집 시인성 개선 • 담장개선	• 사고예방 주거환경개선 (가스배관덮개, 도시가스함 · 덮개) • 화단 및 놀이공간 조성

디자인 방안

할 수 있다. 여기에 안전은 필수적인 요소이다. 따라서 디자인은 개성적이고 쾌적한 보행구축을 첫번째 목표로 삼았고, 영역성과 안전성을 더해 소통의 문화를 만드는 것을 다음 목표로 설정했다. 동시에 안전디자인을 조성하기 위한 방안도 같이 제시하여 생활공간과 보행공간이 공존하도록 세부계획을 정하였다.

그렇게 본 계획의 마스터플랜이 만들어졌다. 실제 대상범위는 좀 더 넓었지만, 기본적인 가로축과 이를 기반으로 한 경관 흐름만 잡히면 그 다음은 자연스럽게 개선될 것으로 예상되어 범위를 축소하였다. 물론 여기에는 사용 가능한 예산을 고려한 점도 있다. 계획범위를 넓게 하면 많은 사람들이 고른 혜택을 볼 수 있다. 하지만 임팩트 있는 경관 조성의 한계가 생긴다. 오히려 명확한 디자인의 틀을 잡는 것이 효과적인 경우가 있는데 광남초등학교가 그 경우에 해당되었다.

학교 주변에는 어린이들과 주민들의 보행안전을 위한 선적 네트워크를 구축하였고, 다음으로 교통의 분산과 승하차의 편의를 위해 정문 앞으로 집중된 등하교정차를 후문으로 조정하였다. 특히 정문 앞은 복잡한 도로사정을 감안하여 일방통행으로 진입차량의 수를 줄이고 최소한의 보행공간을 확보하였다. 골목 곳곳의 사각지대에는 범죄예방을 위한 다양한 방안을 마련하였다. 시설물은 주변의 복잡한 경관 정리를 위해 차분한 색채로 계획하였고, 모든 도로 결절부에는 험프와 고원식 횡단보도를 조성하여 단차를 없애고 차량감속이 자연스럽게 되도록 하였다.

후문에는 차량 회전과 어린이 승하차를 위한 오픈스페이스를 조성하고 교문을 비롯한 시설물의 통일된 디자인을 제시하였다. 동시

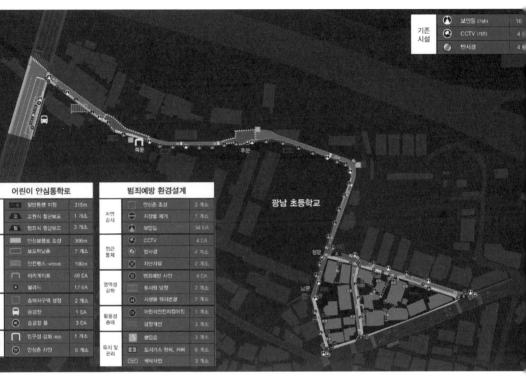

통합 마스터플랜

에 후문 옆 대로변에는 통학버스와 학원차량, 개인 통학차량을 위한 승하차장을 마련하여 안전한 승하차 환경을 조성하였다.

이렇듯 광남초등학교의 디자인은 파장초등학교나 도곡초등학교에 비해 복잡하면서도 섬세하게 계획되었다. 이는 공간여건상 명확한 이미지를 주기 어려워 부분을 이어 전체적인 이미지를 형성시켜야 했던 공간조건의 영향이다. 또한 이곳을 이용하는 다양한 사용자의 요구를 충족시킬 필요도 있었다. 결과적으로 경관의 큰 변화는 없겠지만, 사용환경과 쾌적성은 기존보다 높아질 것이다. 특히 어린이들은 보다 안전한 환경에서 생활할 수 있게 될 것이며, 어린이들을 학교에 보내는 학부모들은 걱정거리가 다소 줄어들게 될 것이다.

안전과 관련해서는 안전등과 CCTV가 보강되었으며, 안전시설 확충과 공간 개선안도 만들어져 외부인의 범죄동기를 최소화할 수 있도록 하였다. 눈에 띄지는 않지만 작은 공간까지 안전을 배려한 결과이다.

대상지의 보행로 폭은 좁은 곳은 약 3미터, 넓은 곳이 8미터 정도이고, 골목은 대체로 5미터 정도이다. 이러다 보니 차량 한 대가 겨우 지나다닐 수 있으며, 특히 학교 옆은 3미터 정도의 폭으로 등하교 시에 차량을 피해 안전하게 걷기 어려운 상황이다. 어떻게 해서든 현재의 차량 교행을 일방통행으로 변경하여 흐름을 통제할 필요가 있었다. 결과적으로 우측 일방통행으로 조정되어, 학부모 차량이 학교 앞에서 어린이들을 내려주고 바로 대로로 나갈 수 있게 되었다. 교문 앞 주민들의 반대와 주차장소 확보를 요구하는 상인들의 반대도 많았으나, 어린이들을 위한 보행환경 조성의 취지를 재차 설명하여 협조를 얻었다. 일방통행 시행 이후로는 보행로가 넓어져 사고위험이 현저히 줄어들 것으로 예상된다. 단 대로변의 신호체계가 조정되지 않으면 대기시간이 길어지고, 이로 인한 불법 회전차량의 증가가 예상되었다. 최종적으로는 경찰서에서 시간대별 신호시간을 조정하기로 하였다.

이러한 힘겨운 조정을 거쳐 완공이 되어도 결과가 이전과 크게 달라지진 않을 것이다. 그러나 자세히 보면 그 작은 차이가 생활환경을 다르게 만든다. 작은 배려, 그 작은 배려가 우리의 생활환경에는 부

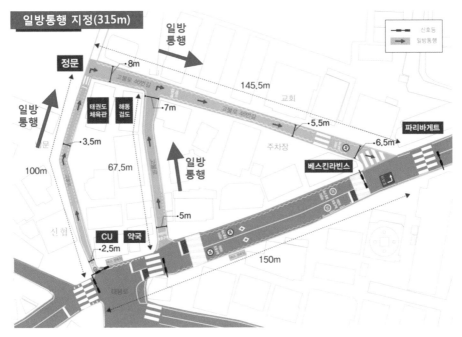

일방통행 지정구간 일방통행로 지정으로 보행로가 확보되었다

족하다. 공공의 공간에 조성되는 모든 건축물과 시설물은 사실 공공재이며, 공공재는 사용자의 편의와 안전을 기본으로 만들어져야 한다. 그 공간을 이용하는 사람들을 위한 충분한 배려와 사용성은 필수적이며, 행정은 그것이 계획에 반영되도록 전체적인 체계와 관리를 명확히 해야 한다. 그러나 아직도 우리의 현실은 그러한 당연한 것이 지켜지지 못하고 있다.

일방통행로가 조성되면 교문 앞에서 대로변까지 도로 한쪽에 보행로가 조성되는데, 어느 쪽으로 조성하는가에 대한 문제가 생긴다. 정문 왼편은 학원시설이 많고 오른편은 주택이 많은데, 차량진출입

정문 앞 디자인 개선방안 고원식 횡단보도 조성으로 어린이들은 안전하게 등하교를 할 수 있고 주민들에게는 편한 보행로가 확보될 것으로 기대된다

에 불편하다고 생각해서인지 조정이 쉽지 않았다. 결과적으로는 아래의 이미지와 같이 학원시설 방면으로 보행로를 조성하고 최대한 단차를 줄여 차량통행을 용이하게 하는 계획으로 정리되었다.

교문 앞과 각 골목의 진입부는 차의 출입이 빈번하고 도로와 차도의 단차가 심하여 사고의 우려가 적지 않았다. 이러한 문제해결을 위해 교문 앞은 고원식 횡단보도를 적극적으로 도입하였다. 고원식 횡단보도는 과속방지턱을 넓게 확보하여 횡단보도로 활용하는 기법으로, 차량의 자연스러운 감속을 유도하고 단차가 없는 안전한 보행환경을 제공한다. 여기에 바닥의 포장색을 진한 갈색으로 변경하여 차량이 조심스럽게 정문 앞을 통과하도록 하였다. 차량속도는 30킬

| 신협 골목 | 정문 방면 | 쪽문 방면 |

물리적 보행로 개선방안 동일한 디자인으로 구역 전체에 안심보행로를 조성하여 보행의 안전성과 쾌적성을 향상시킨다

로미터 이하로 제한하였고, 바닥에 최고속도사인을 적용하는 등 다양한 방법으로 어린이 안전을 유도하였다.

대상지 전역에는 속도저감을 위한 바닥사인을 설치하고 안전보행로를 조성하여 보행흐름이 끊어지지 않도록 하였다. 또한 누구나 쾌적하게 걸을 수 있는 유니버설디자인을 적용하여, 기존에 비해 훨씬 쾌적한 보도로 계획하였다. 색채와 디자인도 차분한 색채를 적용하고 안전이 요구되는 곳은 적색 포장을 적용하여 인지성을 높였다. 차량은 기존보다 속도가 줄고 단차가 생겨 불편하겠지만, 어린이와 주민들에게는 생활하기 좋은 환경이 될 것이다. 단차의 최소화는 노약자와 어린이들, 여성 등을 편하게 생활하게 할 것이고, 과속구간에 설치된 펜스는 보행안전성을 강화시킬 것이다.

이 외에도 등하교 시간대에 학부모차량과 학원차량이 몰리는 것을 고려하여 안전 승하차장을 정문과 후문 쪽에 계획하였는데, 이와

물리적 보행로 개선방안 안심보행로 조성 및 승하차 구간 조성

연결되는 보행로도 학부모들의 적극적인 요구로 계획하였다. 결과적으로 우리가 예상하지 못한 사각지대를 사용자의 요구로 보완한 것으로 새삼 사용자의 목소리에 귀를 기울이는 것의 중요성을 깨닫게된다. 교문의 디자인도 기존의 낡은 이미지가 사용을 꺼리게 한다는의견을 반영하여 세련되고 편안한 분위기로 디자인하였다. 색채도낡은 녹색에서 차분한 노란색으로 변경하였다. 이 역시 학부모들과선생님들의 의견을 반영한 사항이다. 계획 초기에는 학부모들과 주변 사용자들과의 협의가 계속 난항을 겪었는데, 실제로 그들의 요구가 과했다기보다 우리가 그들의 요구를 제대로 이해하지 못했고 미

물리적 보행로 개선방안 후문의 디자인 개선 및 안전보행 펜스의 설치

흡한 회의준비에도 원인이 있었다. 주민들이 워크숍이나 토론회에 나오는 것은 시간이 많아서가 아니다. 무엇인가 개선에 대한 요구와 희망을 가지고 오는 것이다. 전문가들이 그들을 전달의 대상으로만 생각하면 결국 그들의 목소리를 듣지 못하고, 이는 사용자가 배척되는 디자인으로 귀착된다. 전문가들이 항상 그들의 목소리에 귀를 기울여야 하는 이유이다.

구도심의 안전문제는 항상 지적되고 있지만, 이미 엉망이 된 공간을 100% 개선하는 것은 불가능하다. 공간의 조건에 맞추어 최대한 개선하는 것을 기본으로 하지만, 그마저도 건물주와 사용자와의 협

MAIN COLOR

PANTONE 425C

SUB MATERIAL COLOR

도란도란 안심길 통합 브랜드

의가 어려워 제대로 진행되지 않는 경우가 많다. 광남초등학교에서
는 사각지대의 해소와 야간경관의 개선을 통해 자연스러운 영역성
강화를 계획하였으며, 건물과 건물 사이의 관리가 되지 않는 공간
은 출입을 통제하여 사고가 최소화되도록 하였다.

개인적으로는 CCTV 등의 감시장비를 적용한 안전대책을 선호하
지 않지만, 사람의 시선이 닿지 않는 곳에는 부득이 그러한 장비가
필요하다. 사용자의 안심감이 무엇보다 중요하기 때문이다. 특히 민
감한 사춘기 청소년들의 우발적인 사고를 막기 위한 학원 주변의 안
전장치는 무엇보다 중요하다. 또한 엄폐된 공간이 없도록 수풀이 우
거진 공간에는 안전시설물을 설치하고, 사각지대에 놀이공간을 제
공하여 흥미로움을 연출하였다.

주변 상가에는 쾌적한 경관을 위한 간판정비도 같이 진행되었다. 따라서 기존과는 달리 가로 전체가 깨끗하고 쾌적하게 변할 것이고, 그 자체가 하나의 영역성 강화로 이어지게 될 것이다. 이는 범죄 발생을 미연에 차단하는 최고의 방법이다.

이 대상지에 적용되는 모든 디자인 브랜드는 도란도란 안심길로 정했다. 색채는 라임색에 가까운 노란색을 안전사인에만 부분적으로 적용하였다. 전체적으로 지역경관과 조화될 수 있는 안정감을 고려한 결과이다.

도란도란 안심길은 대화를 나누며 안심하고 통학할 수 있는 환경 조성의 의지가 반영된 이름이다. 안전만을 강조하기보다 자연스러운 안전보행이 가능한 최소한의 환경을 만들어보자는 취지를 반영한 것이다. 물론 이번에 계획은 기존의 약했던 보행흐름과 안전성, 쾌적한 도로체계에 초점을 맞추었으나, 그것만으로 이 주변의 문제가 쉽게 해결되지는 않을 것이다. 사람의 관리와 운영이 지속적으로 이루어지고, 동네의 문화와 풍경이 같이 성숙될 때 어린이들과 주민들에게 행복한 공간이 될 것이다. 그러기 위해서는 어린이들이 스트레스 없이 보호받을 수 있는 공간의 이름은 중요하며, 어린이들이 자란 후에는 추억의 공간으로서 그 역할을 하게 될 것이다. 누군가는 계획 대상지에 이름을 넣는 것을 부정적으로 생각할 수도 있으나, 이 이름이 어쩌면 이 사업을 기억나게 하는 주문이 될 것이다.

이전보다는 다소 나아진 그러나 아직은 아쉬운

힘든 과정을 거쳐 이전보다는 어린이들과 주민들에게 편하고 안전한 보행로가 조성되었지만, 썩 만족스럽지는 않다. 기본적으로 이 공간이 가지고 있던 환경이 워낙 열악했던 탓이기도 하며, 보다 많은 사람들이 참여했다면 더 좋은 결과가 될 수 있었기 때문이기도 하다.

도시의 디자인과 재생에서 결국 남는 것은 건축물과 시설물과 같은 물질적인 것이 아니라 사람이 되어야 하며, 그렇게 남은 사람들이 새로운 환경과 도시를 만들어나가게 된다. 그렇기 때문에 도시의 디자인은 과정의 디자인이라고 할 수 있다. 좋은 과정에서 최선의 결과가 나오며, 그 결과가 사람들 속에서 계승되어 새로운 문화를 만들 수 있다. 그렇기에 아무리 좋은 환경을 만들더라도, 그 공간에 어울리는 문화를 만들 수 없다면 좋은 디자인이라고 하기 어렵다.

나 역시 처음부터 그러한 결과를 예측했는지도 모른다. 문제점을 토로하던 사람들에게 시종일관 100%가 만족하는 공간이 아닌 70%가 만족하고 공유하는 공간을 목표로 하자고 했기 때문이다. 이렇듯 공간 조성 후 아쉬움이 남는 것은 우리 도시의 녹록지 않은 현실과 관계가 깊다.

그래도 이번 계획에서 배운 것도 적지 않다. 매번 새로운 도전을 하고 공간에 맞는, 그리고 사람에 맞는 대안을 만들기 위해 노력하지만, 쉽게 계획하지 말 것과 그럼에도 협력을 통해 끊임없이 고민하다 보면 뭔가 만들어진다는 것이다.

또 누군가 알아주지 않으면 어떠한가. 이제 이 공간에서 누군가는 편하게 걸어다니고 이전보다 쾌적해진 풍경에서 좋은 상상을 할 것이다. 또한 누군가 안전한 골목에서 멋진 추억을 만들 수 있다는 것을 상상하는 것만으로 좋지 아니한가. 이전보다는 더 나아진 환경에서 말이다. 적어도 우리가 자라던 시절보다 좋은 환경에서, 그들이 그들의 후손들에게 더 좋은 무엇인가를 전해 줄 수 있기를 기대한다.

도곡초등학교 안전통학로 조성 프로젝트 최종결과

정문 앞 보행로

후문 방면 보행로

계획기간 2017년 ~ 2018년   **시공기간** 2017년 ~ 2018년
기본설계·실시설계 디자인팩토리   **지원기관** 경기도청
사업시행 광주시청

보행 데크 나무를 살리기 위해 보행로를 다소 조   **서문 방면 보행로** 완만한 단차와 함께 불필요한 시
정하였다   설물이 제거되어 경관적으로도 쾌적하게 되었다

보행로의 휴식공간과 전시공간 이 지역의 유일한 교류공간이 마련되었다

광남초등학교 안전통학로 조성 프로젝트 최종결과

IP CCTV, 반사경, 안심 ZONE, 사인설치

안전환경 조성을 위한 사각지대 공공공간 조성

야간경관 개선 및 보행환경 확보

신협 골목

물리적 대피 공간의 조성

사각지대의 환경개선을 통한 안심 영역성 강화

에필로그 2

서울시 동작구 대림초등학교 주변의 안전통학로 디자인

2018년의 후반기에는 학교 주변 안전통학로 조성을 위한 의미 있는 디자인을 계획하였다. 다년간 범죄예방디자인에 집중했던 서울시 동작구였는데, 단체장의 의뢰로 학교 주변의 안전문화 정착을 위한 공간조성을 시도하였다. 여기는 통학로의 안전뿐만 아니라 어린이들 간의, 또는 어린이와 어른들 간의 학교폭력을 예방하기 위한 다양한 시도도 병행하였다.

이전보다 구조적으로 안전하게 걸으며 생활할 수 있는 보행공간을 계획하였고, 서울 시내라는 많은 한계에도 불구하고 소중한 성과를 얻게 되었다. 특히 그래픽에 의지하지 않고 학부모와 어린이들이 통학하고 쉴 수 있는 물리적 환경의 구축을 새롭게 시도하였다. 전체 디자인 콘셉트는 '모두가 책임지는 안전하고 쾌적한 통학로, 푸른 발자국'으로 정했다. 어린이의 발자국과 곰의 발자국을 형상화하여, 서로가 서로를 지켜주는 거리 형성의 염원을 담았다.

기존보다 한걸음 더 나아간 성과라고 생각된다. 그 마지막 결과물을 공유하고자 한다. 앞으로 많은 구도심에서 이보다 더 좋은 공간의 조성성과가 나타나길 기대한다.

콘셉트 모두가 책임지는 안전한 통학로의 개념을 제시하고, 이해, 공존, 공유, 보호와 같이 공간을 4개의 축과 거점으로 구분하였다. 안전한 보행로 조성뿐 아니라 학교폭력 예방의 의미도 담았다

공간구상계획 소통과 위로, 이해, 안전을 위한 공간의 축과 거점을 잡고 공간계획을 진행하였다

대림초등학교 안전통학로 디자인 프로젝트 최종결과

정문과 후문 사이에 안전통학로가 조성되어 차량과 더위를 피해 통학할 수 있게 되었다.
학부모들은 비와 더위를 피해 이 캐노피 밑에서 쉬고 교류할 수 있게 되었다. 펜스 위는
학생들에게 공모를 통해 받은 응원 메시지를 담았다

계획기간 2018년   **시공기간** 2018년
기본설계 이석현디자인연구실   **실시설계** 디자인팩토리
사업시행 동작구청

응원 와패 만들기 워크숍 서로에 대한 응원과 희망의 메시지를 담았다. 향후 교문 앞 캐노피에 설치할 예정이다

캐노피 밑 보행로에는 어린이의 보행동선을 유도하는 발자국을 새겼다. 어린이들의 가장 듬직하게 생각하는 곰과 어린이의 발자국을 나란히 새겨 보호받고 우정을 나눈다는 의미를 담았다(상)
모든 보행로에는 고원식 횡단보도를 설치하여 보행안전성을 높였고, 어두운 골목에는 고보조명을 설치하여 야간안전성도 높였다(하)

어린이들에게는 이 보행로로 통행하라는 의미고, 어른들에게는 어린이를 보호하자는 의미를 가진다(상).
캐노피 펜스에 담은 희망대로 어린이들이 성장하길 기대한다(하)

공생의 가로재생디자인

동작구 이수역 가로경관디자인

공생의 거리를 만든다

　가로의 재생에서는 단순히 디자인만으로는 바꿀 수 없는 상황들이 자주 발생한다. 특히 해당 가로에 노점이 있는 경우는 상당한 협의가 필요한데, 토지소유의 관계나 주변 상권과의 관계, 대로변 상가와의 관계, 경찰서와 소방서 및 관련부서와의 관계 등 풀어야 할 숙제가 산적해 있는 경우가 빈번하다. 기본적으로 노점의 경우 공공도로부지를 점유하고 있는 상태에서 영업행위를 하기 때문에 불법인 경우가 많으며, 인허가 자체가 불가능하고 점용료에 대한 비용산정의 문제도 발생한다. 따라서 원론적인 논의만으로 노점문제의 해결은 불가능하다. 실제로 물리적 충돌로 인해 양쪽 다 피해만 입고 이것도 저것도 안 되는 상황으로 유지되는 경우도 적지 않다. 그러나 공공의 보도를 그대로 방치하게 되면 상인 간의 형평성 문제도 있고, 보행의 불편이나 위생 등과 같은 문제들도 발생하기 때문에 어

이수역 가로변 현황 보행자가 교행이 어려울 정도로 보행로가 좁고 복잡하다

떻게든 개선이 필요하다.

일부 지자체에서는 문제해결을 위해 물리력을 동원하여 가로를 정비하는 경우도 있고, 허가된 점포를 만들어 관리하는 곳도 최근 늘고 있다. 서울시의 경우 2010년을 전후로 많은 노점을 정리하고 허가제로 변경하고 있는 추세이나, 자치구가 관할하고 있는 가로에서는 이마저 쉬운 상황은 아니다. 우선 노점 관계자들과의 협의가 어려우며, 주변 상가들이 노점을 반대하는 경우가 많다. 마찬가지로 주변 건물에서 영업을 하는 상점의 경우 세금과 상권 이미지 문제로 반대하는 경우가 대다수이다. 이런 상황에서 노점을 가로의 매력요소로 활성화하는 시도는 모험에 가까운 일이다.

이러한 문제에 대해 지방자치단체 중에서는 서울시가 오래 전부터 적극적으로 대응하는 편이고, 경기도의 일부 지자체에서도 개선 움직임을 보이고 있다. 대표적으로 오랫동안 노점정비로 부침을 겪었던 부천시는 적극적인 협의를 통해 어느 정도 성과를 내고 있다. 그럼에도 창동역 주변과 같이 갈등을 겪고 있는 곳도 적지 않으며, 근본적으로 해결하기 어려운 문제들이 산적해 있다. '정의는 무엇인가'와 같이 이것도 문제이고 저것도 문제이니 결국 문제를 논하다가 끝나버리면 아무 탈이 없겠지만, 언젠가 누군가는 이 문제의 해결을 적극적으로 모색해야 한다. 구도심에 자리 잡은 노점이 거리 매력의 일부가 될 수도 있고, 공생의 관점에서 그들 역시 거리역사의 일부라는 점을 외면하기 어렵기 때문이다.

서울시 동작구에서도 노점문제에 대해 다양한 방식으로 해결책을 모색해 왔지만, 당연히 뚜렷한 성과를 거두고 있지 못한 상황이었다. 노량진역 앞 학원가 컵밥거리의 경우, 노점과의 협의를 통해 부스 디자인을 정비하고, 점용료를 조정하여 쾌적한 가로가 된 경우도 있다. 물론 보행자에게는 좁은 보행로가 불편할 수 있겠지만, 고시생들의 배고픔을 달래 주던 고시촌의 명물이 지켜진 것은 나름 의미 있는 성과라고 생각된다. 반면 다른 역 주변에 산재해 있던 노점들은 거리환경 개선차원에서 정리하게 되었고, 현재에도 그에 따른 충돌은 계속되고 있다.

그런 상황에서 이수역 노점거리에 대한 디자인 협의가 들어온 것은 매우 이례적인 일이었다. 2017년 초봄의 일이었다. 동작구는 직장이 속해 있는 지역이기도 하고 범죄예방디자인 개선도 같이 하던 곳이라 연락이 오는 것은 일상적인 일이었다. 그러나 노점을 포함한 거리재생디자인은 지금과는 전혀 다른 시도라고 생각되었다. 물론

노량진역 앞 컵밥거리 단순한 부스의 나열로 가로 이미지가 쾌적하지는 못하다

가로 전체의 디자인만 생각한다면 크게 염려할 상황은 아니었다. 그러나 그 동안의 경험상 그 정도로 넘어가지 않을 것 같은 예감이 들었기 때문이다. 우선 첫 회의에서부터 이곳의 상황이 예상보다 심각하다는 것을 누가 알려주지 않아도 쉽게 알 수 있었고, 긍정적인 상황은 별로 보이지 않았다.

그 당시 거리정비와 관련된 논점은 크게 두 가지였는데, 하나는 동작대로는 동측이 서초구, 서측이 동작구인데, 동작구 사계시장과

반대편 도로 측에서 보이는 노점거리 노점 이전에 무수한 가로시설물들이 거리의 풍경을 저해한다

이수역 일대에 분포하고 있는 노점을 한곳에 모아서 정리를 해야 한다는 것이었고, 다른 하나는 사계시장과의 연관성, 주변 거리의 특성, 태평백화점을 비롯한 주변 건물 상가와의 조화를 고려하여 공간을 조성해야 한다는 것이었다.

도시디자인을 하는 입장에서는 편하게 가로의 디자인에만 신경 쓰면 가장 이상적이겠지만, 실제로는 사람들 간의 관계를 조율하고 지속적인 방향 모색이 더 큰 비중을 차지한다. 이 계획에서도 시간의 대다수를 시장상인과 가로의 노점들이 공생을 하기 위한 토론과 협의에 보냈다. 그만큼 다자간에 갈등이 첨예한 경우, 협의는 쉽지 않다. 도시에서 이러한 협의는 해도 그만 안 해도 그만인 문제가 아닌, 생존권과 이익이 걸려 있기 때문이다. 행정의 입장에서는 가로의

노점과 가로시설물로 인해 보행로는 거의 제기능을 하지 못하고 있다

환경개선과 상권유지, 세수의 형평성을 위해 정비가 필요한 상황이지만, 노점 측에서는 오랫동안 생계를 걸고 유지해 온 터를 금방 내어놓기는 쉽지 않다. 거기에 시장상인들은 품목이 겹치는 문제로 인해 노점에 대해 우호적인 입장을 보이기 어렵다. 여기에 가로변 건물에 입주한 상가들은 가로의 쾌적성을 위해 노점의 정비를 요구하고 있다. 무엇보다 지역주민과 이 공간 사용자들의 입장차도 있어 이러한 다양한 입장을 고려해서 가로에 무엇인가를 계획한다는 것은 결코 쉬운 일이 아니다. 심지어 행정 내부에서도 의견이 분분하다. 논의가 격해지던 시기에는 왜 단체장이 이러한 문제를 조정하려고 하는가에 대한 의문이 다소 들기도 했다.

그러나 도시의 많은 곳곳에 감춰져 있을 뿐이지 이러한 문제들은 산적해 있다. 공공의 도로로 쓰고 있는데 사유지인 곳에서도 이러한 문제가 일어나고 있으며, 재건축, 재개발과 관련된 개발대상지에서도 유사한 갈등이 존재한다. 많은 시간과 경제적인 손실이 따르더라도 도시계획의 초기과정을 제대로 해야 하는 이유가 여기에 있다. 나중에 이러한 문제를 바로 잡으려고 하면 더 많은 비용과 시간을 지불해야 하고, 그러한 노력을 하더라도 처음에 잘 만든 계획을 따라가기 어렵기 때문이다. 변변한 박물관 하나 없는 강남 도시개발의 결과를 보면 역시 도시는 100년을 바라보고 설계해야 하고, 조상을 잘 만나야 한다는 것을 절실히 깨닫게 된다.

무한갈등

그럼에도 우리는 이러한 현실 속에서 돌파구를 만들어야 한다. 우선 이수역 주변에서 관계된 사람들과 머리를 맞대고 이야기를 나누어 본다. 다른 방법은 없다.

행정 내부의 의견조율은 단체장이 강력한 의지를 가지고 있어 크게 어려움은 없었다. 차벽에 대한 반대의견이 많았지만 내부 보고회도 어렵지 않게 진행되었고, 공생형 가로를 만들어보자는 점에도 큰 이견이 없어 추진하기로 의견이 모아졌다. 그럼에도 각 부서 간에 이견이 적지 않으며 사업추진 자체에 대한 부정적인 의견도 적지 않다. 이럴 때 필요한 것이 리더의 추진의지인데 다행히 그 부분에 대해서도 크게 걱정할 필요가 없었다.

그 다음은 지역상인들과의 협의가 필요하다. 여기에는 주변 남성 사계시장의 상인회 관계자와 가로변 상가를 운영하는 관계자와의 협의가 필요하다. 물론 쉽지 않다. 남성 사계시장만 해도 80여 곳 이상의 점포가 있으며, 하루 만여 명 이상의 손님들이 와도 마트와 같은 대형매장의 영향으로 인해 다른 상권에 대해 너그러운 시선을 가지기 어렵다. 특히 먹거리와 식자재와 같이 노점과 품목이 겹치는 부분은 더욱 민감한 반응을 보인다. 오랜 기간 서로 인접한 공간에서 생겨난 경쟁의식이 분명히 있을 것이다. 사이좋은 이웃관계는 그렇게 많지 않으며 특히 이익을 공유하는 관계라면 더욱 그렇다.

우선 주변 상인들과 협의를 진행하여 전반적인 의견과 방향을 공유했다. 처음에는 당연히 부정적인 의견이 많았지만, 공생의 긍정적인 면을 이야기하는 과정에서 차츰 우호적인 사람들이 늘어나기 시작하였다. 실제로 남성 사계시장만으로 고객의 시선을 끌어들이기에는 한계가 있다. 2014년의 시장 현대화사업을 통해 통합 브랜드도 만들고 진입부의 조형물도 세웠지만, 그것만으로는 고객의 발걸음을 잡기에는 차별화된 시각적 요소가 부족하다. 진입공간에 무엇인가 마중물이 필요한 것이다. 현재의 이수역 부근은 노점과 각종 시설물로 쾌적하지 못한 이미지가 강하다. 이러한 공간의 이미지는 오랫동안 축적되어 왔으며, 구도심 골목과 가구거리와도 연결되어 있어 종합적인 이미지 변화 없이 노점만을 개선한 컵밥거리와 같은 방식으로는 근본적 개선은 어렵다. 따라서 이러한 점을 상인들과 공유하고 거리 전체의 이미지 개선방향을 제시하며 동의를 얻어나갔다.

다음으로는 노점을 운영하는 상인들과 협의를 진행하였다. 첫 협의는 예상대로 의견이 모이기 힘든 분위기로 마무리되었다. 이전에도 오랜 기간 행정 담당자들이 의견을 조정해 왔고, 상인 측 대표자들과의 협의도 있었다. 하지만 조정은 난항을 거듭했고, 전체 모임은 그러한 갈등을 확인하는 자리가 되고 말았다. 모두가 자신들이 처한 입장이 있다. 사실 이러한 상황에서는 정의로운 결정이라는 것은 큰 의미가 없다. 서로가 원칙을 세우고 양보를 통해 조건을 확인해 나갈 뿐이다. 그나마 행정 담당자들이 오랜 기간 조율해 온 노력이 있었고, 상인 측에서도 지금과 같은 노점운영의 한계를 느껴 변화의 필요성에 동의한 것만 해도 다행이었다.

특히 이견을 보인 것은 노점 수를 줄이는 것과 배치에 관련된 것이었다. 가로 노점을 중심구간에 연속적으로 배치하는 것이 최선의 안이었지만, 상인 측에서는 점포 수를 있는 그대로 두고 구역 확대

상인들과의 토론회

도 주장하고 있었다. 그렇게 되면 결국 주변 관계자들과 지역주민의 반발이 예상되었고, 가로개선을 통해 쾌적한 공간을 조성하고자 하는 초기의 취지와도 반하게 되어 다시금 오랜 협의가 진행되었다. 그렇게 여름이 지나갔다.

6개월이 흐른 동안 계속적으로 디자인이 조정되었지만, 실제 계획의 성사 여부는 아무도 모르는 상황이었다. 이런 식으로 협의가 난항을 겪게 되면 결국 최악의 결과로 이어질 수 있어, 다시금 줄다리기식 조정을 하게 되었다. 이런 난관에서는 계획의 긍정적인 면을 부각시켜 서로 간의 양보를 이끌어내는 방법이 대안이 된다. 각 관계 그룹에서 서로의 공감을 얻을 수 있는 부분을 찾아 하나의 방향으로 모으는 방법인데, 실제로 그렇게 잘 되지는 않는다. 그래도 할 수밖에 없는 방법이기도 하다. 모든 일은 사람이 하는 것이고, 사람이 하는 일에 진심을 털어 놓고 공존을 모색하는 것 이상의 정공법은 없다. 어차피 그것이 서로가 윈윈할 수 있는 최선의 방법이기도 하다.

그러나 나 같은 전문가들은 이러한 부분에 있어 약간의 박쥐 같은 존재이다. 조정을 하지만 책임에 대해서는 모호하다. 전문가는 당사자가 아닐 수 있기 때문이다. 그래도 전문가는 필요하다. 중간에서 조정하고 협의를 이끌어내는 '입장'은 중간적 존재인 전문가가 아니면 어렵기 때문이다. 그래서 항상 미안하고, 아쉽고, 씁쓸한 것이 전문가의 입장이다. 바람처럼 사라질 수도 있으니까 적당히 해도 욕도 안 먹고, 폼만 잡아도 되고, 때때로 잘 되면 좋은 성과가 될 수도 있으니까 말이다.

2017년 12월 말의 마지막 협의에서는 이 계획추진을 정리해야 하

남성 사계시장 이곳과의 연계성을 만들어나가는 것이 최고의 과제이다

는 상황까지 왔다. 더 이상 노점상인과도 협의가 어려웠고, 행정 담당자들도 특별한 대안이 나오지 않았다. 카페에서 악수를 하며 계획 종료를 선언했고, 그렇게 이 계획도 추억으로 묻힐 하나의 시도로 남을 것으로 생각했다. 매번 나름대로 최선을 다했고, 가장 최전선에서 근무했던 행정 담당자들도 최선을 다했었다. 그리고 당사자였던 노점의 대표들도 최선을 다했었다. 모든 결과가 예상대로 되지 않았고, 다들 그 사실을 받아들인 것이다.

그렇게 2018년을 맞았고 다른 고민거리로 잠시 잊고 있던 시간에, 행정 담당자와 노점 관계자가 협의를 지속하여 서로가 적절한 선에서 공생을 하는 방향으로 협의가 정리되었다. 거기에서 내가 한 일은 하나도 없었다. 지금 생각해도 일이 되려면 이렇게 되는가보다 라고 생각했다. 끝까지 포기하지 않고 문제를 풀어나간 인내의 힘이라고밖에 말할 수 없었다. 결국 점포 수를 줄이고 구간 내의 디자인 규칙을 받아들이는 것으로 가로재생은 계속 추진되었다.

이번 프로젝트를 진행하면서 나 역시도 많은 배움을 얻었다. 이론은 이론이고 현실은 현실이다. 그것이 첫번째 교훈이었다. 그리고 두 번째, 나 혼자 되는 것은 없다. 그들이 있었기에 이것이 가능했다. 당연하지만 현실에서는 좀처럼 잘 이루어지지 않는다. 마지막으로 진심으로 대하는 자세이다. 이것은 노점과 시장상인, 주민의 관

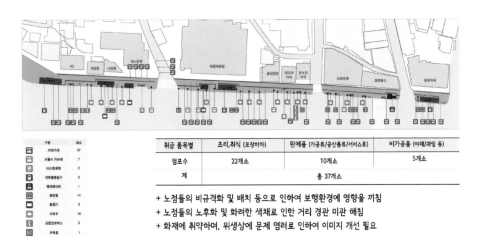

취급 품목별	조리,취식 (포장마차)	완제품 (가공류/공산품류/서비스류)	비가공품 (야채/과일 등)
점포수	22개소	10개소	5개소
계	총 37개소		

+ 노점들의 비규격화 및 배치 등으로 인하여 보행환경에 영향을 끼침
+ 노점들의 노후화 및 화려한 색채로 인한 거리 경관 미관 해침
+ 화재에 취약하며, 위생상에 문제 염려로 인하여 이미지 개선 필요

최종 노점 및 시설물 디자인 결정안 이전보다 노점은 반으로 줄고 거리를 이용하는 주민들을 위한 휴게공간이 늘어나게 되었다

점에서 이익이 공존하는 최선의 방안을 찾는 것이다. 이익의 접점이 별로 없어 보이지만, 그 공간 속에서 서로가 윈윈할 수 있는 방안을 찾아나가면 뭔가 대안이 열리게 된다. 이 세상에서 진심이 통하는 경우가 많지 않더라도, 그것마저 없으면 우리가 어떤 이유로 세상을 살아갈 수 있겠는가. 노점이니 불법이고 나쁘다? 전통시장은 대형 유통매장에 비해 여러 가지 이유로 불편하다? 노점이 있으니 지역의 이미지가 나빠진다? 그럴 수도, 아닐 수도 있겠지만, 하나의 공간 안에서 서로가 노력을 통해 공생을 모색할 수 있다면 그것은 충분히 도전할 만하고 가치 있는 일이다. 그래서 이번 재생계획은 나에게도 디자인 이상의 가치를 가진 도전이었다.

새로운 질서

아주 먼 길을 돌아 이제 새로운 방향으로 디자인이 정리되었다. 넓게 질서 없이 퍼져 있던 노점 40여 곳이 25곳 이내로 줄어들게 되었고, 다양한 포장마차식 노점은 통일된 디자인으로 거듭나게 되었다. 이 계획의 배치도는 남들이 보면 단순해 보이겠지만, 2년 가까운 기간 동안 수많은 사람들의 협의와 갈등조정의 결과로 탄생한 산물이다. 하나하나 오랫동안 그 자리를 지키며 생업을 이어왔고 앞으로 이어나갈 점포의 위치가 표시된 것이다. 기존에는 업종 구분 없이 배열되었던 것에 비해 먹거리와 공산품, 식자재 등 업종에 따라 배치되었고, 점포의 위치도 차로 쪽으로 질서 있게 배치되었다. 그리고 신호등이 있는 횡단보도와 골목의 진입부에는 휴게공간과 녹지공간을

[강점]	[약점]
·타지역 가로공간에 비하여 넓은 보행로 ·교통의 요지로 접근성이 우수 ·인근 시장과 백화점으로 인해 유동인구가 많음	·거리의 정체성 부족 ·이용객을 유인할 수 있는 매력 요인 부족
[기회]	[위협]

·주민들과 상인들의 지속적인 관심과 참여
  의지
·인근 남성시장과의 디자인 연계 가능성 및
  장소성 강화
	·거리에 비해 많은 노점수와 오픈 스페이스의
	  부족
	·혼잡한 동작대로 및 보행로 환경

[공간특징]

·시설물로 인한 무질서한 경관	·좁은 보행로 및 노점상	·다양한 규격, 넓은 점유공간
·유동인구 많음	·환기구 및 배전함이 많음	·거리의 정체성이 없음
·가로시설물로서 원색 사용	·남성·사계시장 인접	

가로분석의 결과 및 문제점

마련하는 등 보행자를 위한 다양한 오픈스페이스가 마련되었다.

쉴 수 없는 공간, 걸을 수 없는 거리에 시간을 들여 찾아오는 사람은 많지 않다. 사람이 찾고 싶은 매력적인 공간을 만들기 위해서는 쉴 곳과 걸을 수 있는 공간을 만들어야 한다. 물론 노점을 운영하는 입장에서는 그 공간에 점포를 하나 더 놓은 것이 이상적이겠지만, 지역 전체를 고려할 때는 쉴 곳과 걸을 곳이 들어와야 한다. 이것이 우리가 오랜 기간 가로재생을 위해 정리한 질서의 원칙이다.

이러한 거리조성을 위해 우리는 가로 조사를 바탕으로 설득력이 있는 대안을 도출하였다. 우선 이 거리는 타 지역에 비해 보행로가 넓고 백화점과 재래시장이 있는 장점에 비해, 거리의 매력요소 및 휴식공간의 부족, 복잡한 시설물 등의 약점을 가지고 있어 이에 대한 대안이 요구되었다. 따라서 첫번째 디자인 목표를 가로의 쾌적성과 기능성, 보행과 경관의 연속성 향상으로 설정하게 되었다.

실제로 노량진 컵밥거리와 다른 지자체에서 추진된 계획에서 노

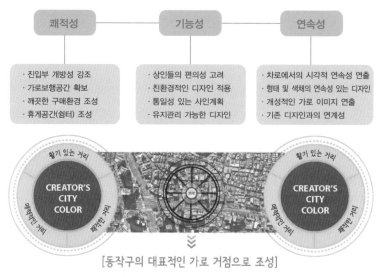

동작대로 2구역 거리가게는
'쾌적하고 활기가 넘치는 조화로운 가로환경 조성'을 위해
쾌적성, 기능성, 연속성이라는 세 가지 키워드를 설정하여 방향을 제시한다.

쾌적성	기능성	연속성
· 진입부 개방성 강조 · 가로보행공간 확보 · 깨끗한 구매환경 조성 · 휴게공간(쉼터) 조성	· 상인들의 편의성 고려 · 친환경적인 디자인 적용 · 통일성 있는 사인계획 · 유지관리 가능한 디자인	· 차로에서의 시각적 연속성 연출 · 형태 및 색채의 연속성 있는 디자인 · 개성적인 가로 이미지 연출 · 기존 디자인과의 연계성

[동작구의 대표적인 가로 거점으로 조성]

디자인의 방향 및 주요 추진목표 특징을 주고 표정을 만드는 것이 이번 과제의 주요 목표
가 된다. 기존 노점이 개선된 공간에서는 추진되지 못한 것이다

점의 디자인 개선은 이루어졌지만, 반면 주변과 어울리는 가로풍경
으로 전환된 사례는 드물다. 물론 그러한 노점이 축제나 이벤트에서
등장하여 활기를 더한 경우는 적지 않다. 서울시의 밤도깨비 축제나
양평 문호리의 리버마켓의 자연풍경에 나열된 노점풍경은 새로운 매
력요소가 되고 있다. 그러나 대로변에서 그러한 풍경을 연출하는 것
은 쉽지 않다. 가로점포뿐 아니라 시설물을 주변공간과 어울리도록
통합적인 디자인이 적용되어야 하기 때문이다. 이는 많은 사람들이
관여하게 되어 협의도 힘들고 비용도 그만큼 많이 수반된다. 무엇보
다 이렇게 풍경을 만들어본 사례가 없다. 새로운 도전은 항상 어렵
다. 그 결과가 어떻게 될지 장담하기 어렵기 때문이다. 그래도 그만

Sequence	가로판매대를 거리의 **매력적인 구조물**로 전환
Pedestrian	거리에 보행자를 위한 **쾌적한 보행공간**을 제공
Amenity	고객과 보행자를 위한 **휴게공간**을 제공
Landmark	남성 사계시장의 마중물로서의 **상징성**을 부여
Harmonize	최적의 **판매공간 구성과 거리풍경**과 조화

[가로의 연속성과 쾌적함의 조화]

원칙 1	보행에 지장을 주는 요소를 최대한 피할 것
원칙 2	도로와 보행로에서의 시각적인 쾌적함을 구성할 것
원칙 3	남성 사계시장과의 디자인 연계성을 고려할 것
원칙 4	물리적인 요소와 고객 서비스 및 관리요소를 고려할 것
원칙 5	집입로 안전공간과 휴게공간을 필수적으로 확보할 것

[보행 쾌적성과 가로의 매력을 결합시키는 것이 관건]

가로디자인의 추진방향과 요소

한 재생의 가치가 있다면 어려움이 있더라도 도전은 필요하다.

우리는 우선 가로풍경에 연속성과 쾌적함, 휴게공간이 있는 조화로운 상징가로 조성을 목표로 계획을 시작하였다. 이를 위해서는 쾌적한 보행을 저해하는 가로시설물을 줄이고 보행공간을 확보해야한다. 다음으로 시각적인 연속성과 연계성을 만들기 위해 가로 전체를 하나의 디자인으로 정리하였다. 또한 물리적인 환경만이 아닌 집객을 위한 서비스와 축제 등의 프로그램도 계획하였다. 동시에 가로보행자를 위한 휴게공간과 안전대피 공간을 만들고, 걷고 쉬고 즐길수 있는 기본적인 행위가 가능하도록 공간을 구상하였다. 처음부터이러한 통합적인 디자인을 적용하지 않으면, 시간이 지나고 새로운

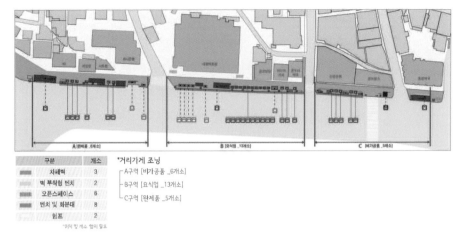

구분	개소
차폐벽	3
벽 부착형 벤치	2
오픈스페이스	6
벤치 및 화분대	8
램프	2

*위치 및 개소 협의 필요

*거리가게 조닝
┌A구역 [비가공품 _6개소]
├B구역 [요식업 _13개소]
└C구역 [완제품 _5개소]

최종적인 가로점포의 배치와 연출계획 점포 36개가 26개로 줄어들게 되었고 진입공간과 가로의 중간마다 휴게공간과 오픈스페이스가 조성되었다

것이 추가되면서 처음 계획과는 다른 이미지로 가게 된다. 다소 시간이 걸리고 비용이 추가되더라도 이러한 과정이 중요한 이유이다. 도시의 디자인은 적어도 10년 이상을 보고 계획되어야 한다.

이러한 과정을 거쳐 이수역 가로의 공간디자인이 작성되었다. 공간은 전체적으로 3개의 블록으로 구분되는데, 각 공간마다 새로운 노점의 디자인과 휴게공간이 조성되고, 각 도로의 진입부에는 보행자의 안전통행을 위한 오픈스페이스가 조성되었다. 이러한 개방공간을 통해 보행자는 차량사고의 위험으로부터 보호받게 될 것이다. 또한 이러한 공간은 계획된 점포 이외의 노점이 생기는 것을 차단하는 효과도 있다.

휴게공간은 보행자의 공간이용과 체류에 필수적인 요소이다. 매력적인 가로의 특징 중 하나는 다시 찾고 머물고 싶은 곳이라는 점이다. 오랜 체류를 위해서는 쉴 수 있고 머물 수 있는 장치가 요구된다. 오랫동안 머물 수 있는 볼거리는 기존 사계시장이 있으므로, 이 가로에서는 쉴 수 있는 공간을 필수적으로 보완해야 했다. 문제는 이러한 공간의 중요성을 그렇게 크게 생각하지 않는 것이다. 크지 않더라도 이런 작은 휴식공간은 가로의 활기와 안정성을 더해 준다. 이는 이미 많은 실험에서 검증된 것이며, 누구에게 물어도 같은 대답이 나올 것이다.

이렇게 디자인의 방향과 구성이 정리되었다. 듣는 사람들은 별로 큰 감흥이 없겠지만, 도저히 가능성이 없던 가로에 이러한 공간이 계획된다는 것 자체가 기적과 같은 일이다. 지금까지 노점과 시설물이 뒤섞여 있던 가로에 걸을 수 있는 여지와 휴식공간, 매력적인 노점, 시각적인 쾌적함과 여유 등을 조성한 것은 난공불락의 성을 함락한 것과 같았다. 그것은 그만큼 협의가 힘이 들기 때문이었다. 그런 점에서도 이수역 가로재생의 시도는 지금까지와는 다른 협의의 성과를 그려냈다. 물론 그 당시는 향후 방향이 어떻게 흐를지 몰라 고민이 있었지만, 여기까지 온 것만 해도 큰 성과라고 생각된다.

노점 부스의 디자인도 길고 긴 협의를 거쳐 정리가 되어갔다. 우선 점포 수가 25개로 줄어들었고, 형태는 눈비에도 영업을 할 수 있도록 정리되었다. 튀김과 떡볶이 같은 분식을 파는 요식업인지, 비가공품과 완제품을 파는지, 식자재를 파는지에 따라 판매대의 디자인이 조정되었다. 물론 이 과정에서 실제로 점포를 운영하는 분들과 적지 않은 마찰이 있었지만 이전의 갈등에 비하면 아주 가벼운 정도였다.

조정된 부스의 디자인은 실용성을 고려하여 가변적이면서도 거리

요식업의 노점 이미지

에 통일성과 개방감을 주었다. 통상 다른 노점거리의 부스들이 분산 배치된 것에 비해 연속적으로 배치되었고, 이는 남성 사계시장의 마중물로서 안정되고 편안한 거리 이미지를 부여할 것이다. 여기에 부스에 적용된 자연소재와 색채는 중간 중간 심어져 있는 가로수와도 잘 어울리도록 배려하였다.

무엇보다 여기에 적용된 디자인의 백미는 차폐벽이다. 행정 내부에서도 반대가 심했고 지역주민들의 반대도 심했으며, 심지어 노점을 운영하는 분들의 반대도 심했던 디자인이었다. 이러한 디자인은 컵밥거리의 사례로부터, 보행공간에서 보이는 부스의 이미지보다 차로에서 또는 먼 곳에서 보이는 이 거리풍경의 연출을 고려한 것이다. 단순히 부스만 나열되어 있다면 이곳은 평범한 노점거리이겠지

가로부스가 나열된 거리의 이미지

만, 차폐벽이 들어가면 공원의 산책길 느낌을 연출할 수 있다. 이것이 연속성이 주는 힘이다. 서로를 연결시켜 가로의 풍경으로 만드는 것이다. 높이는 최종적으로 140센티미터로 조정되었다. 이는 부스를 적당히 가리면서도, 보행자들이 넘지 못하는 높이를 고려한 것이다. 그리고 노점에서 내어놓는 물건을 시각적으로 차단시키는 효과도 있을 것이다. 적어도 기존의 가로점포 개선에서는 이러한 연속성을 시도한 적이 없었다.

　구조적으로는 설계가 쉽지 않다. 혹시나 차량 충격으로 일부가 파손되면 그 부분만 교체할 수 있어야 하고, 차도와 접해 있어 구조적 안전성이 확보되어야 했다. 그러나 그 이상으로 사람들과의, 거리와 보행로 간의, 부스와 부스 간의 관계를 연결시켜주는 매개체로의 가능성이 높아 충분히 도전할 가치가 있었다. 혹시 누군가는 왜 그런

차폐벽의 이미지 시뮬레이션 가로와 차로의 단절을 막아주고 거리의 연속성을 부여한다

곳에 예산을 쓰느냐고 반문할지도 모른다. 나는 옷이 단지 가리기 위해 입는 것이 아닌 것처럼, 이 거리에도 기능 이상의 쾌적한 이미지를 위한 디자인은 최소한의 조건이라고 생각한다.

그러한 분위기에 맞추어 가로 배전함과 지주사인도 유사한 디자인을 적용하였다. 이로 인해 가로의 통일감과 쾌적함은 더해질 것이다. 지하철 환기구의 벤치는 쓰레기 투기를 방지하고 다른 노점의 출현을 막기 위한 장치이다.

안내사인과 배전함의 최종 이미지 자연스러운 소재의 연속성과 녹지공간을 부여하였다

고작 100미터도 안 되는 거리에

그렇다. 이렇게 얼마 안 되는 거리를 협의하고 계획하는 데 왜 그렇게 힘이 들었을까. 많은 사람들의 오랜 시간과 발걸음이 얽혀 있어서일까. 모든 협의와 조정은 왜 그렇게 쉽지 않고 공간의 계획은 왜 그렇게 생각대로 되지 않는 것일까. 모든 것이 의문투성이이다. 이 계획에서도 최종적으로 많은 이견과 디자인도 정리되었지만, 내가 한 역할은 크지 않았다. 여기서의 최고 공헌자는 구청의 담당자

들과 노점 상인들이었다. 나는 의견을 조정하고 디자인 방향을 정리하는 역할만 했다. 가끔 이러한 고작 100미터도 안 되는 거리에 옹기종기 모인 많은 사람들의 주장을 정리한 힘은 무엇이었을까 생각해 본다. 논리적으로 그것을 풀어나간 머리 좋은 사람들이었을까. 행정가들이었을까. 아니다. 분명히 이야기할 수 있는데, 그것은 문제를 풀어나가던 당사자들의 의지였다. 도시디자인의 핵심도 그것이다. 누군가는 그러한 방식을 단순하고 게다가 추상적이라고 하겠지만, 적어도 아직까지는 그 방식이 통한다. 머리보다도 마음 말이다. 그리고 나는 그것이 계속 통했으면 좋겠다. 내가 한 일은 그들의 노력에 비하면 (그것이 그들의 직업에 대한 충성심이었을지라도) 반도 미치지 못했다. 그들이 실타래를 푼 것이다. 우리는 오늘도 살아가고 내일도 살아가야 한다. 세상에 믿을 사람 없고 다 나 잘난 척 하며 살아가는 세상에 어차피 부딪칠 상황이면 그러한 열정 있는 사람들과 부딪치는 것이 좋지 않겠는가. 그 분들에게 감사한다. 적어도 여기에서는 그들이 나보다 더 훌륭한 도시의 디자이너다.

새로운 거리의 가능성

그렇게 힘든 시간이 지나고 2018년 6월 드디어 부스와 차폐벽, 녹지와 사인 등의 공사가 완료되었다. 많은 사람들이 쾌적해진 가로에서 여유 있는 보행을 하고 있고, 가로의 풍경도 훨씬 쾌적해졌다. 노점 관계자들도 표정이 밝아졌으며, 거리는 보다 많은 사람들의 발걸음으로 붐비고 있다. 한 노점에서 기존 노점의 물건을 새 부스로 옮길 때 그 상인의 상기된 표정을 지금도 잊을 수 없다. 참여했던 모든 사람들에게 100% 만족이 아니더라도, 적어도 공생의 가치를 공유했다는 점에서도 이번 계획은 가슴 뿌듯한 기억이다.

　이제 앞으로도 이 거리는 많은 변화를 겪게 될 것이고, 그 공간을 살아가고 지나가는 사람들의 삶도 적지 않게 변해갈 것이다. 그럼에도 적어도 이전보다는 걷기 편하고 쉬기 편하게 될 것이라는 점은 분명하다. 그때 누구도 기억하지 않겠지만 그 귀퉁이에 흔적을 남긴 그들의 이름은 적어 둘 것이다. 그것을 보고 이 공간을 만들어나간 사람들을 잊지 않았으면 좋겠다. 그리고 이 공간에서 새로운 거리재생의 도전이 있었다는 사실도 꼭 잊지 않았으면 좋겠다. 나는 그러한 개선에 기여한 활동가로 이름을 적을 것이다.

동작구 이수역 가로경관디자인 프로젝트 최종결과

계획기간 2017년
기본설계·실시설계 이석현도시디자인연구실
사업시행 동작구청

시공기간 2018년
지원기관 동작구청

파랑새가 날아든
전원마을 재생디자인

동두천시 안말마을 경관개선 프로젝트

화창한 봄날

2017년 4월 7일은 매우 의미 있는 날이다. 토요일이기도 했고 미세먼지가 최악이어서 멋진 풍경을 기대하기 어려운 날이기도 했으며, 벚꽃이 절정을 이루고 있는데 마무리 작업을 하러 동두천까지 무거운 페인트를 차에 싣고 가야 하는 날이기도 하다. 같이 고생을 했던 학생들과 오전에 마지막 작업을 마치고 돌아오려던 계획은 순조롭게 진행되었다. 다행히도. 사람이 없고 한적했고 걱정했던 것 이상으로 날씨도 좋았다. 그렇게 점심이 되어서야 1년 반을 끌었던 안말마을의 디자인 개선은 마무리되었다.

이번 계획은 순조롭게 진행되길 기대했다. 실제로 계획을 해 나가는 과정에서 시청과 디자인회사와의 충돌도 없었고, 주민과 군인들까지 적극 참여해줘 다른 지역과 비교해도 그다지 힘든 점은 없었다. 최근 많은 계획에서 참여주체들과의 조율에 엄청난 에너지를

마을회관 앞의 풍경 버려진 폐기물과 정형
화된 창고형태의 마을회관이 마을 입구에 자
리하고 있다

마을회관 옆 창고건물 진입부부터 마을의
이미지를 나쁘게 한다. 샌드위치패널은 시공
이 편하고 저렴하지만 그렇게 좋은 이미지를
주지는 않는다

사용한 것에 비하면 무척이나 긍정적인 대상지였다. 우리 학생들의
적극적인 참여도 있었고 학교의 지원과 페인트기업의 지원까지, 경
기도 시범사업으로 추진된 가장 모범적인 계획이라고 해도 과장이
아니었다.

문제는 마스터플랜에 있었다. 우리 멤버들과 디자인회사가 너무
안이하게 마스터플랜을 만들고 성실함만으로 모든 것을 해결하려고
하니 계획과 시공에서 계속 수정사항이 발견되었다. 결국 최종 결과
도 처음 생각했던 것과는 달라지고 말았다. 물론 나쁘지는 않았지
만 계획주체들이 예산과 현장의 세심한 부분까지 검토하지 못했던
점은 두고두고 머릿속에 남을 착오였다. 결국 그 대가를 비용과 시
간으로 보상해야 했다. 1년 반 가까이 학생들을 데리고 오가며 수
정을 했으니 말이다.

그래도 이렇듯 주민과 시청 담당자들, 학생들과 디자인계획사, 심
지어 인근 군부대의 군인들까지 나서 낡은 시골마을을 세련된 전원
마을로 계획한 사례는 많지 않았다. 게다가 성과물까지 매력적으로

정리되어 그동안 흘렸던 시간과 노력이 아깝지 않았다. 더한 노력과 격한 토론, 엄청난 비용을 들이고도 형식적인 가로정비와 시설물 설치에 그친 사업이 적지 않으니 말이다. 무엇보다 주민들이 좋아해서 좋다. 그것이 디자인한 사람에게 있어 가장 큰 기쁨이자 영광이 아니겠는가.

시작

이 계획은 경기도 건축디자인 시범사업에 참여하는 시청 담당자의 부탁으로 시작되었다. 돌이켜보면 당시 지역에서 열심히 도시디자인 업무를 하고 있던 담당자의 부탁을 거절할 이유도 없었고, 광주시 서하리에서의 좋은 사례를 경기 북부에서 구현하고 싶은 개인적인 욕심도 있었다. 시작은 항상 설레고 좋다. 새로운 곳에 뭔가 계획한다는 그 자체가 사람을 흥분하게 한다.

우선 현장을 같이 돌아보았다. 특별한 것이 별로 없었다. 이곳은 70년대 새마을운동 시기에 주택보급사업 차원에서 동일한 형태와 배치로 조성된 단독주택촌이었다. 이 주택의 형태는 이곳 말고도 전국의 대다수 주택촌에 공급된 것과 동일하다. 경사 슬레이트 지붕에 벽돌이나 블록으로 된 담장과 벽체구조에 철제대문을 달고 있었다. 형태도 거의 유사한 주택이 시간이 지나며 지붕을 철골 슬레이트로 변경한 곳도 있고, 아스팔트싱글(asphalt shingle)이나 드문드문 기와로 변경한 곳도 한두 곳 있었다. 일부 주택에서 세련된 전원주택풍의 목조로 변경한 곳도 있었지만 나머지는 유사한 형태를 가지고 있었다.

안말마을 곳곳의 거리 풍경 골목에서 폐기물이 넘쳐나고 주택 개량은 대다수 저가의 건축 소재를 활용하여 진행되고 있다

골목은 당연히 좁고, 지금 같은 자동차 사회를 생각 못했기에 한 대가 주차를 하면 다른 차가 지나갈 여유가 없었다.

주민의 연령층이 높고 공공공간은 관리를 하지 않아 농기구나 대형 폐기물이 곳곳에 넘쳐나고 있었다. 어쩌면 고령자들이 많은 주민들에게 경관은 그렇게 중요하지 않을 수 있고, 그보다 물건을 놓을 공간이 더 중요할 수도 있을 것이다. 이러저러한 연유에서 공공의 골목과 마을회관 앞 공간은 물건이 적치되어 있거나 주차가 되어 있는 풍경이 일상적이다. 더욱이 마을 입구에는 대형 폐기물들이 곳곳에 버려져 있어 마을의 이미지를 더욱 어둡게 하였다. 그러나 이것이 그렇게 이상하지는 않을 것이다. 주택 모델하우스처럼 내부에 아무것도 없을 때는 아름답다가도 가구나 생활물품들이 들어가면 기존 이미지가 없어지고 지저분해지듯이, 이러한 풍경이 여기서는 자연스러운 일상이기 때문이다. 주택 리모델링 전후를 비교하며 보여주는 텔레비전 프로그램에서도 기존과 달라진 점을 살펴보면 물건이 얼마나 쌓여 있는가의 차이인 경우가 많다. 그것만으로도 깨끗해진 이미지를 줄 수 있기 때문이다. 마찬가지로 이 마을도 골목 곳곳을 깨끗하게 치우는 것만으로도 정리된 이미지를 줄 수 있겠지만, 시간이 지나면 결국 이전의 상태로 자연스럽게 돌아갈 것이다.

이런 분위기는 안말마을 말고도 전국 곳곳에 넘치고 있으며, 단순히 마을을 깨끗하게 만드는 것 이상의 의미를 부여할 수 있는 공간적인 대안이 필요하다. 그러면 전원마을 개선의 표준이 된 서하리처럼 이 안말마을이 전원마을의 경관개선의 모델이 될 것이기 때문이다.

문제의 발견

동기를 부여하는 것은 디자인 참여를 위한 최소한의 조건이다. 깨끗하게 해야 할 또는 마을을 개성적으로 만들 이유가 없는데 디자인 과정에 참여할 까닭이 없으며, 개선된 곳을 스스로 관리할 이유도 없기 때문이다. 이러한 동기부여에 좋은 방법은 개선된 곳이 어떻게 변했으며, 그 공간에서 삶이 어떻게 변했는가를 보여주는 것이다. 그리고 과정을 공유하고 이끌어나갈 사람을 찾아내고 고민을 같이 나누는 것이 중요하다. 그러면 계획 후에 전문가들이 떠나고 행정의 관심이 멀어지더라도 최소한의 지속성은 유지되기 때문이다.

우선 안말마을과 같이 경관시범사업에서 의미 있는 성과를 거둔 광주시 서하리마을을 모델로 삼아 답사를 진행하였다. 이곳 역시 내가 전체 디자인을 진행한 곳이고 주민 협의를 통한 진행과정을 잘 알고 있었기 때문이다. 안말마을과 서하리마을은 규모도 비슷하고 주택의 유형도 유사한데, 차이가 있다면 서하리마을이 기와집이 좀 더 많은 편이고 안말은 일반 슬레이트 지붕이 많은 정도이다.

우리는 몇 번이고 대상지를 돌아보고 문제점을 진단하였다. 역시 특징이 없고 어수선하다. 다행스럽게도 주민들의 참여가 적극적이었고 행정과 지역 관계자들의 의지도 높다. 다른 지역은 협의와 토론에서 격렬한 반대와 협의가 일상이었는데, 여기서는 그러한 난관이 없고 어떻게든 마을을 개선하고자 하는 의지가 높았다.

몇 차례의 협의를 거쳐 계획의 방향이 정해졌다. 우선 첫번째 과제로 마을 이미지 개선을 위해 마을 입구의 경관을 개선하기로 했다. 마을 입구는 마을 전체의 이미지를 좌우한다. 대체로 외지의 방

마을 워크숍 지역의 경관문제를 발견하고 공유한다

문객이 살고 싶은 지역은 살고 있는 사람들의 삶의 만족도도 높다. 이곳은 가로의 연속성이 느껴지지 않는데, 자세히 살펴보면 그 원인이 도로 주변 논밭의 지저분한 펜스의 영향임을 알 수 있다. 또한 결절부에 해당하는 교차로에는 쓰레기가 방치된 곳이 많았는데, 관리가 부실한 영향이 크다. 이러한 문제만 해결해도 초입의 이미지는 많이 개선된다. 문제해결을 위해서는 우선 마을 입구에 특징을 줄 수 있는 대안이 필요하며, 동시에 도로변 주택의 외관을 개선해야 한다. 지금의 주택은 다소 오래되어 보이지만 새마을 시대의 주택개량사업의 모델로서, 후에는 나름대로의 가치를 인정받을 수도 있다. 따라서 최소한의 외관 정비를 통해 마을의 원형을 복원하는 것이 중요하다.

　주민 중에는 고령자가 많으나, 마을 전역에 쉴 곳이 없는 문제의 개선을 두번째 과제로 정하였다. 물론 마을회관 앞에 오래된 나

현장 답사 우선 지역의 문제를 공유한다

무 벤치가 있고 골목 안쪽에는 의자도 있지만, 휴식을 위한 공공공
간이 있는 것과는 차원이 다르다. 도심에서도 작은 포켓파크가 많
은 사람들에게 얼마나 의미 있는 역할을 하는가. 이를 위해서는 마
을 곳곳에 버려진 교차로의 공터나 골목 사이의 공터 활용이 중요
하다. 지금까지 대다수의 공터는 물품보관소나 쓰레기배출장소 정
도로 인식되어 폐기물과 적치물이 가득하였다. 이 공간을 주민들의
쉼터로 활용하면 마을의 고질적인 문제해결에도 크게 도움이 될 것
으로 기대되었다.

　세 번째는 마을경관의 색채개선이었다. 안말마을은 멀리서 보면
지붕이 다 파란색과 녹색으로 덮여 있어 전원마을보다는 창고가 밀
집되어 있는 듯한 느낌을 준다. 이것은 이곳뿐 아니라 대다수 외곽
주택밀집지역이 가진 공통적인 현상으로, 저가의 철골 지붕소재의
확산으로 생겨난 문제이다. 물론 오래된 주택에는 그러한 파란색이

나름대로 신선한 느낌을 줄 수도 있으나, 이렇게 대다수의 주택에 칠해져 있으면 마을에 차분한 이미지가 생겨날 여지는 없다. 최소한 주변 자연에 피해를 주지 않는 정도의 색채로 정리할 필요가 있으며, 가장 큰 건축물인 마을회관 역시 녹색지붕의 개선이 요구되었다.

마지막으로 차분한 동네로 만들고 난 뒤의 개성적인 공간조성의 과제가 남아 있었다. 안정된 이미지로 마을을 정비하면 일단 전원과 어울리는 풍경이 되겠지만, 그 마을만의 차별화된 풍경이 있으

공간구상방안 걷기 편하고 매력적인 전원마을에 대한 내용이 담겨 있다

면 가치는 더 커진다. 그렇다고 과도한 상징을 넣어 마을의 이미지를 어수선하게 만드는 것은 피해야 하지만, 최소한의 아이디어로 공간의 가치를 높일 수 있으면 그러한 양념은 도시의 이미지를 더욱 풍부하게 만든다.

참여를 통하여 사람,자연,문화가 공존하는 아름다운 생태마을 조성

공간조성 콘셉트

마스터플랜

이러한 방향에 따라 안말마을 디자인의 전체적인 콘셉트는 파랑새가 날아든 안말마을로 정해졌다. 파랑새는 이 마을의 희망을 의미하는 단어로 의견조율 끝에 정해졌으며, 전원마을과는 다소 어울리지 않지만 오히려 명확한 희망을 나타낸다는 의견에 따라 확정되었다.

함께

이제 디자인에 따라 제작과 시공에 들어가야 한다. 그런데 시공비는 도청의 지원과 시의 지원을 합쳐도 예상한 계획의 반도 조성하기 어려운 수준이었다. 이는 처음부터 예상한 것이었지만, 마을을 최소한으로 개선하기 위한 요소를 추가하고 보니 현실적으로 더 부족한 상황이 발생하였다. 그렇다고 예산에 맞추어 디자인을 하면 부분 개선만 가능하기 때문에 마스터플랜은 안말마을이 궁극적으로 지향해야 할 모습을 그려야 했다. 이렇게 해서 생각한 것이 마을만들기식 개선이었다. 이는 예산을 들여 개선해야 할 지붕 도색이나 펜스개선, 주택 외관 공사 등은 지원금을 사용하고, 거리의 정비와 정자의 설치, 시설물 개선, 명패와 창고 주변의 개선 등은 주민 스스로 만들어나가는 방식이다.

이런 방식으로 계획을 추진하면 풍부한 예산으로 다양한 실험이 가능한 지역이 부러울 때도 있다. 그런 지역이 계획성과도 더 크다는 것을 누구보다 잘 알기 때문이다. 그래도 할 수 있는 것을 해야 한다.

마을회관 앞 파고라 제작 재료만 사서 주민과 담당자들이 직접 제작하였다

최종 디자인이 정리되고 석 달에 걸친 공사기간 동안 다소 부실했던 기본안으로 인해 설계의 여러 부분이 변경되었다. 그러다 보니 예산이 초과되는 곳도 있어, 많은 부분은 자체적으로 해결할 수밖에 없었다. 그래서 생각한 것이 이벤트 데이, 즉 축제날을 정해 모든 사람들이 모여 공간을 스스로 만드는 계획을 세웠다. 문제는 그날이 하필이면 그 해 여름 중 가장 무더웠다.

우선 마을 전체의 철거와 보수는 주민과 행정 담당자, 군인들과 우리 연구진이 해결해야 했는데, 기존에 버려진 쓰레기와 폐기물이 생각보다 많아 36도의 무더위 속에서 하루 종일 매달려야 했다. 아마 군인들의 젊은 혈기와 땀이 없었다면 힘들었을 것이다.

마을회관 앞 파고라 조립과 벽면의 블록 파손 보수, 열악한 벽면의 그래픽 제작, 마을창고의 외관 그래픽도 자체적으로 해야 했는데, 대다수는 우리 학생들이 참여하여 해결해 주었다. 벽면을 보수

이벤트 데이를 앞둔 마을정비 지역 군부대의 군인들이 동참하여 마을의 폐기물을 정리해주었다. 수십 명의 군인들이 하루 종일 작업해야 할 정도로 많은 폐기물이 나왔다

하면서 차라리 새롭게 만들고 싶은 욕구도 생겼으나, 예산의 벽 앞에 공간을 보수하는 정도로 만족해야 했다. 특히 오래된 창고들은 창틀과 문이 다 부서져 보수가 필요했는데, 이 부분은 군부대 공병 대원들의 자원봉사로 많은 부분 해결되었다. 우리나라의 군인들은 국방의 책무 외에도 많은 부분 나라의 발전을 위해 공헌한다는 것을 새삼 느끼게 된다.

벽면 그래픽은 사전에 대학생 동아리에 디자인을 의뢰하였다. 이 미지는 오색 천조각을 전체적으로 적용하자는 의견을 받아 최종안을 정하였다. 주민들 역시 산만하지 않고 개성적인 이미지에 호응을 보내주었고, 시공당일 제작에도 적극적으로 동참하였다. 당일의 파고라 제작과 벽면 보수, 거리 정리 등 모든 부분에서 그들의 참여

이벤트 데이의 그래픽 제작 학생들이 공모로 선정한 작품을 마을회관과 창고, 낡은 주택 외관에 적용하였다. 혼잡한 그림보다 깔끔하고 통일된 이미지를 준다

가 없었더라면 해결되지 못했을 것이다. 특히 창고 앞 적치물의 제거와 마을회관 벽면 정리 등의 난관이 있었는데, 직접 농기계를 동원하여 해결해 주었다.

그렇게 2015년 가장 무더웠던 여름의 하루가 지나갔다. 모든 부분을 다 완성하지는 못했지만, 큰 과제였던 도로변 펜스가 개선되어 멀리서도 깔끔한 동네 이미지가 되었다. 마을회관 옆 창고와 동네의 낡은 주택의 벽면은 깔끔한 도색으로 정리가 되어 나름 개성적인 공간이 되었다. 무엇보다 마을의 쓰레기와 적치물, 불량 수목과 화단이 정리되어 마을 전체가 깨끗하게 변했다. 그 외에도 골목 곳곳에는 작은 화단과 쉼터를 만들어 작더라도 쉴 수 있는 공공공간도 만들었다. 최소한의 경비로 만들기 위해 버려진 수목 위를 정리하여 자연스러운 벤치를 만드는 시도도 하였다.

그렇게 긴 하루가 지나가고 어둑어둑해질 무렵, 무용과 졸업생들의 도움을 받아 풍물공연을 열고 마을의 안녕을 축하하는 잔치도 열렸다. 1시간의 공연 속에 무더운 하루가 갔다는 안도감과 이전보다 쾌적해지고 개성적인 마을이 되었다는 마음에 다들 행복해 했던 표정이 기억에 남는다. 누구에게는 고생스러웠던 하루였을 수 있었지만, 안말마을에 있어서는 분명 인상적인 하루였을 것이다. 그 하루의 역사를 처음 만난 많은 사람들이 만들었다는 점은 분명했다.

이벤트 데이 축하 풍물공연 축제와 같이 즐거운 마음으로 무더위 속 작업을 이겨냈다

마무리

    이벤트 데이 이후에는 파란색 주택지붕에 대한 색채 개선과 마을 회관의 리모델링, 마을 입구의 안내판 제작, 가로변 주택 벽면의 외관 정비, 가로변 벤치 제작 등의 추가공사가 진행되었다. 이 역시 생각보다 예산이 많이 소요되어 마을회관의 지붕은 결국 도색으로 정리되었고, 외벽도 도색으로 마무리된 점은 아쉬웠다. 마을 입구의 안내판은 별도로 제작하면 더 복잡해질 우려가 있어 기존 반사경에 부착하는 방식으로 정리하였다.

    계획 완료 후 마을은 이전보다 주변 자연에 녹아드는 풍경으로 변하게 되었다. 또한 입구에서도 마을 특징이 자연스럽게 나타났는데,

이벤트 데이 마무리 후 기념촬영 이들이 이 공간 조성의 주인공이었다

우편함의 제작 주민 스스로 자신들의 대문에 문패와 우편함을 설치한다

특히 가로의 풍경이 주택 외벽의 개선과 논밭 앞 나무 펜스의 설치로 시원하게 정리되었다. 골목 안쪽에는 곳곳에 주민이 쉴 수 있는 작은 공간과 화단이 조성되었으며, 고령인 주민들이 하기 어려운 외벽 등이 보수되어 깨끗하게 변했다.

주택의 지저분한 우편함을 정리하는 의견에, 우리 학생들과 행정 담당자들이 아이디어를 내어 조각보 디자인의 우편함을 직접 제작하고 설치하였다. 마을 입구가 화사해지고 이미지의 통일성을 높이는 데 생각보다 크게 기여한 것 같다. 그렇게 6개월을 넘게 진행되었던 안말마을 도시재생 프로젝트가 마무리되었다.

주민들은 마을의 많은 문제들이 해결된 점에 만족감을 드러낸 반면, 누군가는 너무 심심하다고 이야기하고, 누군가는 큰 시설 공사가 없었다는 점에서 아쉽다는 이야기도 하였다. 나 역시도 많은 아쉬움이 있었지만, 적어도 안말마을이 전원주택 도시재생의 방향을 제시한 점에서는 큰 보람을 느꼈다. 특히 이곳 주민들의 힘이 아니었다면 지금의 반도 안 되는 성과에 그쳤다는 점에서, 사람의 힘으로 만들 수 있는 공간의 좋은 사례가 될 것이다.

모든 지역과 장소에는 그 특성에 맞는 디자인과 재생의 방법이 있다. 여기서 이런 해법이 통했다고 다른 곳에서 통한다고 장담할 수 없으며, 저기서 만족하는 공간이 여기서 같은 방식으로 한다고 만족하게 될 것이라고 장담할 수 없다. 매 순간, 그 조건에 맞춰 우리가 할 수 있는 노력을 기울여 도시를 만들고, 그곳을 살아나갈 사람들이 삶의 터를 다지기 위해 노력할 뿐이다. 때로는 시작도 못하고 좌절할 때도 있고, 때로는 계획진행 중간에 멈출 수도 있으며, 완료 후에도 많은 문제점이 생길 수도 있다. 그럼에도 우리는 이러한 노력을 멈추지 않아야 하고, 지금의 한계와 문제점은 이후의 보다 나은 성과의 밑거름이 될 것이다. 안말마을의 계획이 가진 가치는 그러한 많은 한계에서 나온 결실이라는 점이다. 왜냐하면 대다수 전원마을은 이보다 더 열악한 조건에서, 더 적은 예산으로 공간을 개선하는 경우도 많기 때문이다. 시간이 어느 정도 흘러, 이 안말마을의 시도로 인해 많은 전원마을이 자극을 받게 될 것이고, 더 나은 대안을 제시하고 더 좋은 재생의 성과를 얻게 될 것이다. 그것이 우리가 36도의 무더위 속에서 땀을 흘리고 협의하고, 아이디어를 내고, 무엇인가를 만들어 온 이유가 아닐까.

동두천시 안말마을 디자인 개선 프로젝트 최종결과

계획기간 2017년   **시공기간** 2017년
기본설계·실시설계 이석현도시디자인연구실·에스이 디자인그룹
지원기관 경기도청   **사업시행** 동두천시청

버려진 지하상가의 공간재생디자인

시흥시 신현동 학미소풍 공간재생 프로젝트

사람의 중요성

　3월 31일 오후 1시에 시흥시 신현동 태산상가 지하의 주민 공동체 공간 학미소풍이 오픈을 했다. 이곳에서 장사를 하던 상인들이 떠난 창고공간의 재생논의가 시작되고 거의 3년이 지나서야 공간이 주민들에게 열린 것이다. 138평 규모의 큰 공간이지만 지하에다가 입구가 좁아 사람들의 출입이 어려우며, 어두운 분위기로 인해 가까이 하기에 어려웠던 공간이 3년간의 노력으로 새로운 분위기로 거듭나게 된 것이다.

　이 계획은 지금은 다른 지자체에 가 있는 전 부단체장의 요청으로 시작되었지만, 본격적인 참여는 그 당시 시청 기획과 담당자가 이곳 동장으로 부임하면서 시작되었다. 어떤 계획에 참여하기까지는 다양한 사연이 있지만, 나의 경우 누군가의 추천이나 권유로 참여하는 경우가 대다수이다. 또 우연찮은 기회에 얼떨결에 참여하는 경우

동장실 입구 편안한 분위기가 기존 동사무소의 동장실과는 사뭇 다르다

도 적지 않다. 신현동의 학미소풍 역시 동장의 요청으로 주민 워크숍에 갔다가 자연스럽게 동참하게 되었다. 정신을 차려보니 이미 같이 하고 있었던 것이다. 그런 점에서 신현동장은 고단수다. 그때가 정신없이 많은 계획을 진행하고 있던 시기여서 정식으로 의뢰를 받았으면 아마 주저했을 것이다. 그런 점에서 인맥은 소중하다. 최소한 내가 계획을 하면서 나쁜 인연이 되지 않았던 것을 감사해야 할 것 같다. 어떤 계획은 원했던 방향과는 달리 서로가 나쁜 결과로 끝난 경우도 있기 때문이다. 계획과정에서 주민과 담당자와 마찰이 생길 때도 있고, 계획이 예상과는 달리 좋은 결과로 정리되지 못하는 경우도 있다. 그런 경우라도 책임자는 책임을 져야 한다. 돌이켜보면 그냥 쉽게 끝난 계획이 별로 없었던 것 같다. 사람들이 모여 계획을 추진하다 보면 이견이 생길 수도 있고, 갈등이 격화될 수도 있

다. 그러한 어려움에도 본인이 책임지는 지역에 나를 책임자로 불러준 것은 감사한 일이다.

그리고 계획을 추진한 시점이 적절했다. 3년 전에 시작했더라면 지금과 같은 관심을 받기 힘들었을 것이고 주민협의도 더 어려웠을 것이다. 그 사이 부지매입과 같은 어려운 과정이 정리가 되었고, 새로운 동장이 오면서 주민협의를 위한 기본 조정이 진척되었기 때문이다. 이 정도만 해도 계획에서 고생의 반은 던 셈이 된다.

좋은 사람과 함께 한다는 것

살다 보면 모든 것이 좋을 수는 없다. 슬플 때도 기쁠 때도 있으며, 좋은 사람을 만날 때도 있지만 때로는 원치 않더라도 불편한 사람과 무엇인가 해야 할 때도 있다. 항상 나에게 좋을 수만은 없다. 그럼에도 신현동에서 만난 사람들은 전반적으로 개방적이었다. 물론 동장이 그러한 분위기를 마련해 준 덕도 있지만, 그보다 모여 있는 주민들의 에너지가 긍정적이고 밝았다. 이런 분위기가 조성되면 대충하고 가려다가도 무엇인가 더 해주고 싶은 것이 인지상정이다. 보통 오전에 회의를 진행했는데 많은 분들이 바쁜 시간을 쪼개서 참여한 것도 인상적이었다. 신현동은 도심에서 다소 떨어진 곳에 위치한 작은 동네이다. 주변에 논과 밭이 있는 전형적인 도농복합지역이다 보니 주민들이 무엇인가 추진하는 것이 쉽지 않은 조건이다. 그럼에도 지역발전을 위해 이 정도의 사람들이 모인다는 것은 그 배경에 선한 분위기가 흐르고 있다는 것을 본능적으로 감지할 수 있었다.

동장실에서의 워크숍 동장실도 개방적이고 사람들의 분위기도 개방적이다

이런 좋은 사람들과 무엇을 함께 할 수 있다는 것은 나에게도 행운이었다. 전문가로서는 버려진 공간을 새로운 공간으로 바꿔나가는 실험을 할 수 있으며, 좋은 분위기의 그들에게는 새로운 공간개선을 통해 무엇인가 기여할 수 있기 때문이다. 최소한의 경비만으로 참여하지만 이런 계획은 경제적인 대가보다 더 큰 만족감을 준다.

공공공간이 없는 곳

소위 선진국으로 알려진 나라의 주요 도시를 방문해 보면 우선 공공공간이 잘 조성되어 있다. 특히 도시 곳곳에 쉴 곳과 볼거리가 대체로 많다. 그것은 처음 도시를 계획할 때부터 도시의 장기적인 성장을 고려하여, 구획을 잘 배분하고 기능을 적절히 조정한 덕분이다. 도시가 발전한 뒤에 그러한 공간을 만들려고 하면 비용도 비용이고 부지 자체를 마련하기가 쉽지 않다. 재건축이나 재개발 같은 밀어내기식 개발에서는 용이한 공공공간의 조성이 최근의 도시재생에서 어려운 것도 그러한 이유이다. 그 대표적인 곳이 서울의 강남이다. 강남은 그 정도의 대규모 도시를 조성하면서 정작 박물관과 미술관 같은 공공시설은 마련하지 않았고, 공원도 양재 시민의숲이나 한강공원과 같이 수변에 마련된 공원 외에는 인구밀도에 비하면 턱없이 부족하다. 이는 서울뿐만 아니라 전국 대도시에서 유사하게 나타나는 현상이다.

신현동과 같은 교외 동네에도 내부에 휴게공간이나 소통공간이 없다. 단순히 우리가 서구의 아고라나 포럼과 같은 광장문화가 없었기 때문이라고 넘기기에 우리 도시는 너무 세계화되었다. 어린이들은 학교 이외에 딱히 갈 곳이 없으며, 외부에 쉴 곳이 없어 위험한 도롯가 경계석 위에 앉아야 하는 상황이 연출된다. 왜 그 많은 전문가들과 행정가들은 도시를 계획하고 개발하면서 그러한 공공공간의 여지를 만들지 못했던 것일까. 게다가 보행자가 걸어다닐 길조차 없어 위험한 차로 옆을 걸어야 하는 상황을 왜 예측하지 못했던 것일까.

신현동 주변에는 갯골생태공원과 포동체육공원이 있지만 정작 마을 안에는 주민이 이용할 수 있는 공간은 절대적으로 부족했다. 지역주민들은 휴식이나 산책을 위해 오히려 다른 곳에 차를 타고 나가야 하는 우스운 상황이 발생하게 된다. 이렇듯 쾌적한 공공공간이 부족한 지역은 자연스럽게 쇠퇴하게 된다. 게다가 불편한 대중교통과 자가용 중심의 도시 구조는 공동화를 더욱 가속화시킨다.

학미소풍 개선 전 어둡고 폐쇄되어 있다

　이곳에는 고령자도 많지만 초등학교와 중학교가 인근에 있어 어린 자녀를 둔 가정도 많다. 그런데도 어린이들이 뛰어놀 수 있는 공간이 동네에 없다는 것은 지속적으로 살고자 하는 욕구를 줄이게 한다. 이런 환경이 결국 아파트를 선호하도록 만드는 것이다. 이런 상황에서 공동체를 위한 공간 조성은 지역에 있어 꼭 풀어야 할 숙원과제일 수밖에 없었다.

　최소한 이 동네에서 자라나는 학생들에게는 놀이공간이 필수적이며, 쉴 곳 없는 주민들에게는 가족이 가볍게 쉴 수 있는 여가공간과 이야기를 나눌 수 있는 공간이 필요하다. 이것이 사람 사는 도시에서 제일 중요한 공간이 아니겠는가. 이런 곳이 없다면 우리는 최소한의 인간적 교류와 여가를 잃어버린 창고 아닌 창고에 사는 것과 크게 다르지 않다. 생활환경 주변에 쾌적한 공간을 만드는 것은 사실 국가와 행정의 당연한 의무이다.

누구를 위하여 어떻게 만들 것인가

모든 공간은 사용자를 정하고 계획되어야 한다. 물론 외부의 공공공간은 익명의 다수를 위해서 계획되지만, 한정된 내부 공간의 경우 어떤 사용자를 고려할 것인가가 매우 중요하다. 이를 해결하기 위해서는 우선 주민들과의 협의가 필수적이다.

140여 평의 공간은 넓어 보이지만 마을에 공공공간이 없는 것을 고려하면 턱없이 좁다. 우선 이용자의 순위를 둬야 했다. 이 공간에 많은 사람이 한꺼번에 들어오면 분명 어른이 중심이 되고 어린이들은 후순위가 될 것이 예상되었다. 이 공간의 관리주체가 될 주민과의 협의 속에서 해답을 내야 했고 실제로 다양한 의견이 나왔다. 억지로 그것을 강요한다고 될 일도 아니었고, 우선 누구를 위하여 이 공간을 조성하는가를 다시 상기해야 했다. 오랜 토론 속에서, 동네의 어린이들과 청소년들, 그리고 그들을 보호하기 위한 학부모들을 배려한 공간 조성으로 계획방향이 정해졌다. 그렇게 해서 251쪽과 같이 아이디어가 정리되었다.

이로서 공간의 사용자가 어느 정도 정해졌고, 다음으로 디자인 방향을 정해야 했다. 이곳 천장은 배수 파이프가 많고 유난히 높이도 낮았다. 아무리 쾌적하게 계획하려 해도 자연채광도 없고 환기도 안 되는 등 조건이 너무 열악했다. 그리고 창고와 같이 짐을 쌓아두던 장소특성이 남아 있어 다른 이미지로의 전환도 쉽지 않았다. 그래서 나온 아이디어가 공장과 같이 고전적인 분위기를 강조하고 개방성을 높이는 것이었다. 이는 공간의 한계 덕분이기도 하지만, 지나치게 세련된 공간보다는 창고와 같은 아늑한 분위기가 더 친근감을

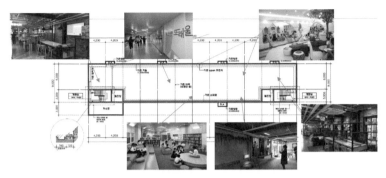

활동공간	토론공간	휴식공간
어린이 놀이터	세미나실 1	계단식 벤치
청소년 놀이터	세미나실 2	카페
암벽타기	이동식 스크린	세면장

1차 공간구상 아이디어 청소년들과 어린이들의 놀이터와 창의공간이 중심이 되고 지역주민의 쉼터와 회의공간으로 구성하였다

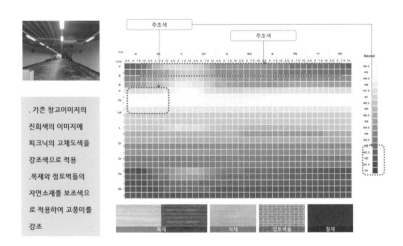

. 기존 창고이미지의 진회색의 이미지에 피크닉의 고채도색을 강조색으로 적용

.목재와 점토벽돌의 자연소재를 보조색으로 적용하여 고풍미를 강조

적용색채 공장이나 창고는 고풍미가 풍기는 벽돌과 토양색을 적용하였다

줄 수 있다는 점에 착안한 것이었다.

주된 색채는 밝은 갈색으로 하였고, 벽돌을 벽면 하부에 적용하였다. 천장은 완전히 개방하고 배수 파이프의 파랑과 빨강의 색채도 많은 사람들의 반대에도 그대로 살려 두었다. 이는 천장이 좁아 보이기도 하고 기존의 분위기를 조금이라도 살리고 싶었기 때문이었다. 문제는 조명과 환기구의 높이가 낮아 공간이 협소해 보이는 점이었다. 이 문제는 동장과 상의해서 천장의 구조물을 최대한 위로 끌어올리고, 동시에 조명도 50센티미터 이상 올려 공간의 개방감을 키웠다. 이 차이는 크지 않을 수도 있지만, 이러한 작은 차이가 공간의 이미지를 다르게 한다. 천장은 검은색으로 칠하여 창고의 이미지를 주면서 천장고가 높아 보이도록 하였다. 적지 않은 반대에도 결과적으로 좋은 평가로 이어지게 되었는데, 결과에 대한 확신만 있다면 의지를 가지고 강하게 추진하는 것도 필요하다고 생각된다.

이렇게 공간의 배치와 디자인 방향이 정해졌고, 다음으로 효과적인 공간사용을 위한 프로그램을 논의했다. 이 공간은 철저하게 주민 중심으로 운영되고 행정은 지원만 하도록 계획되었다. 카페의 운영과 바리스타 교육과정, 놀이시간과 프로그램 시간 등 주민이 이용 가능한 시간대와 내용에 대해 논의하였고, 이용자를 고려한 운영규칙 등이 정해졌다. 다들 바쁜 시간에 공공공간의 관리와 운영에 자신의 시간을 할애한다는 것은 쉬운 일이 아니다. 그만큼 공공공간을 간절히 바랐던 점도 있었겠지만 기본적으로 주민들의 의식 수준이 높다는 것을 알 수 있다. 이것이 어쩌면 이 지역 최고의 장점일 것이다.

최종적으로 평일 낮에는 어른들이 이용하고 방과후에는 아이들의 놀이터로 활용하기로 하였고, 정기적인 교육 프로그램과 댄스 교실에 대한 계획도 추가되었다. 공간운영과 인건비는 무료봉사가 기본이지만 언제까지 봉사로 그칠 수는 없다. 이에 대한 수익사업의 방안도 본격적인 논의가 필요할 것이다.

이상의 논의와 기본 디자인을 바탕으로 최종안이 완성되었다. 북측 공간에는 어린이들이 마음껏 뛰어놀 수 있는 공간이 마련되었고, 그 옆에는 청소년들이 댄스연습을 할 수 있는 거울이 설치된 공간이 조성되었다. 최근 학생들이 아이돌의 춤을 따라하며 스트레스를 푸는 것에 착안한 것이며, 주민들의 강력한 요구도 있었다. 어린이들의 놀이공간과 청소년의 댄스공간은 바닥 높이를 10센티미터로 맞추었는데, 다른 마을행사 때 공간 전체를 이용할 수 있도록 고려한 아이디어다. 그리고 맞은편에는 부모님과 가족이 편하게 누워 책을 보고 아이들을 지켜볼 수 있는 스탠드형 벤치가 조성되었다.

이 스탠드형 벤치는 다른 기능도 있는데, 벽면에 스크린을 비추어 마을잔치나 단체로 영화관람이 가능하다. 마을에서는 마을단위 축제나 잔치가 빈번하다. 같이 김장을 담글 수도 있고 때로는 벼룩시

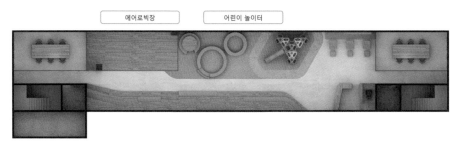

에어로빅장   어린이 놀이터

최종 평면도 공간을 작게 구분하지 않고 유동적으로 사용할 수 있도록 하였다. 카페와 놀이공간, 휴식공간이 직선으로 배치되었다

장을 열 공간도 필요한데, 좁은 공간이지만 그러한 다양한 사용을 고려하였다. 입구 옆에는 카페를 조성하였는데, 이 공간에서는 일상 적으로 찾아오는 사람들에게 커피를 판매하는 수익사업이 가능하 다. 평상시에는 바리스타 교육을 지역단위로 할 수 있고, 그 앞에는 작은 담소공간도 조성하였다.

출입구 좌우측에는 좁은 공간여건을 고려하여 토론과 교육, 강좌 가 가능한 개방 회의실을 마련하였다. 출입구의 좁은 여건을 감안 해 부득이하게 조성하였으나, 향후 어른들의 평생학습에서 중요한 역할을 할 것이다. 반대편은 좌식으로 회의실을 만들었는데, 어린이 들의 편안한 놀이공간을 고려하였다. 바닥은 노출콘크리트에 투명 우레탄으로 마감을 하였는데, 공장창고의 분위기를 연출하기 위함 이지만, 습기에 약한 공간조건을 고려한 것이었다.

이렇게 우여곡절을 거쳐 2017년 말 초겨울에 1차 공사가 종료되 었다. 여전히 다듬어야 할 곳이 많지만 적어도 기존에 비해 공간의 변화는 놀라울 정도다. 주민들의 관심도 더 높아졌다. 연말 마을잔 치도 여기서 열렸는데 시설물이 들어오기 전이었는데도 주민들의 얼굴에서 행복감을 느낄 수 있었다. 지하에 이런 공간이라도 만들 어져 주민들이 기뻐할 수 있다는 것이 슬프면서도 한편으로 뿌듯하 기도 했다.

2018년의 회의와 워크숍은 다소 미비하지만 학미소풍에서 진행되 었다. 공간에 계속 친숙하도록 하자는 동장의 의견에 의해서였는데 좋은 아이디어라고 생각되었다. 이런 상황에서 행정 담당자의 변경 은 교류의 단절을 가져오게 한다. 보직순환이라는 구조로 인해 담 당자가 자리를 좀 잡으려면 다른 부서로 가버리는 행정의 시스템은 조정될 필요가 있다.

　이제 주민들도 익숙해져서인지, 아니면 공간이 실제로 구현된 것에 대한 뿌듯함 때문인지 의견도 자유롭게 내고, 관리에 대한 책임감도 커진 듯하다. 다양한 활동에 대한 의견도 나왔는데, 이런 공간은 조성도 어렵지만, 유지관리는 그 이상으로 어렵다. 참여형 공간은 주민 중심으로 민주적으로 운영되지 않으면 특정인의 전유공간이 되기 쉽고, 분위기가 딱딱해져 찾아오는 발걸음도 줄게 된다. 그렇다고 주민들에게 모든 것을 맡기기도 쉽지 않다. 운영에 따른 책임과 경비의 문제가 해결되어야 하기 때문이다. 결국 행정과 주민이 협의체를 잘 구성하고, 주민이 책임지는 공간으로 정착될 때까지는 꾸준한 지원이 필수적이다. 후에 운영수준이 다소 높아지면 민간 전문가를 고용하고, 수익사업 등을 통해 주민이 자발적으로 관리하는 것이 바람직하다.

　1차 시공 후, 공간 활성화를 위한 바리스타 교육과 다양한 문화행사를 개최했다. 지역에 없던 놀이공간이 생겨서인지, 매일 수십 명의 어린이들이 방문해 인산인해를 이루고 있다. 어른들도 새로운 공간이 흥미로운지 자주 얼굴을 내민다. 서두에 서술한 것과 같이 동네 주민들은 밝고 개방적이다. 게다가 공동체 활동에도 적극적이다. 이런 분위기가 형성되기까지 행정의 노력도 무시할 수는 없지만, 기본적으로 공동체 구성원들의 잠재적인 노력이 있었을 것이다.

　2차 시공은 놀이기구와 회의실의 정비, 바닥공사가 주가 되었다. 공간 크기에 비해 조성비용이 터무니없이 부족하였다. 적은 금액을 잘 활용하여 공간을 만들기 위해서는 주민들의 도움과 다른 보조금 사업의 적극적 지원으로 구상을 구체화해 나가야만 한다.

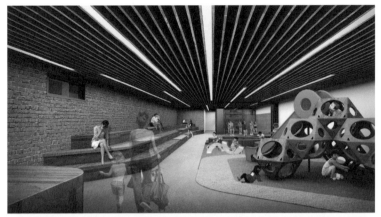

최종 디자인안

    내부 벽화의 아이디어도 그런 차원에서 시작되었는데, 내부의 빈 벽면을 메꿀 방법을 강구하다가 대학생들과 지역 어린이들의 벽화 제작 이야기가 나왔다. 그러면 경비도 절감하고 모두에게 의미 있는 흔적을 남길 수 있을 것으로 생각되었다. 이러한 제안에 주민들도 적극 찬성하였고, 중고등학생 모임에서도 동참하였다. 필요한 경비는 페인트 등의 재료 구입과 최소한의 인건비만으로 한정하였고,

회의실과 주민카페

디자인은 대학생들이 고심하여 세계 속에 시흥의 모습을 알리는 내용으로 정리되었다. 외부의 벽화는 시간이 지날수록 색이 바래고 먼지가 쌓이면서 흉물이 되는 경우가 적지 않지만, 내부 벽화는 훌륭한 인테리어 요소가 될 수 있다. 특히 사용자가 직접 참여하여 만든 공간은 그들에게 사랑받고 지역만의 소중한 기억이 될 수 있어 공간재생에 중요한 요소이다.

이렇게 놀이기구 이외의 공사가 마무리되었고, 이제 이 공간에서는 많은 어린이들이 신나게 뛰어놀고 있다. 학부모들도 다양한 활동을 하고 있으며 취미교실과 평생학습의 장으로서 그 역할이 확장되길 기대되고 있다. 운영은 주민이 협의를 통해 시간대별로 하기로 하였고, 주말과 평일 사용자를 배려한 규칙도 만들어졌다. 단, 어린이들을 중심으로 공간을 구성하다 보니 고령자들을 배려한 공간은 부족한 아쉬움이 남았다. 이 공간은 지하에 있다 보니 고령자의 출입이 어려운 이유도 있으나, 향후 고령자를 배려한 새로운 공간 조성도 필요할 것이다.

3월 31일, 학미소풍의 오픈식이 열렸다. 많은 신현동 주민들과 관계자들이 찾아와 새로운 공동체공간의 조성을 기뻐했고, 어린이 공

1차 공사완료 후 우측의 환기구를 최대한 올려 공간을 확보하게 된다

연단의 축하공연도 열렸다. 이날부터 신현동 학미소풍이 개관되었지만 신현동의 공공공간 개선은 지금부터라는 생각이 든다. 이 공간으로 인해 어린이와 학부모들의 활동공간은 다소 해결되겠지만, 마을 인구를 고려할 때 더 많은 열린 공간들이 필요하다. 특히 이 동네를 더욱 활기차고 쾌적하게 만들기 위한 외부의 공공공간도 반드시 필요하다.

그러한 공간 조성에는 학미소풍보다 더 많은 사람들이 동참하길 기대한다. 그러기 위해서는 현재의 동장이 오랫동안 이 지역에 남아 있고, 지금과 같은 좋은 주민들의 적극적인 활동은 필수적일 것이다.

1차 조성 후 학미소풍 내에서의 토론회 공간에 익숙해지도록 회의를 이곳에서 하였다

벽화를 그리는 대학생들과 지역 어린이들

사람이 모여 사는 곳에 공간이라는 것

사람이 공간을 만들지만 나중에는 공간에 의해 사람이 만들어질 수도 있다. 좋은 공간에서는 좋은 사람이, 나쁜 공간에서는 나쁜 사람이 만들어진다는 것이 내 생각의 일부이다. 좋은 공간은 좋은 마음을 가지고 만들어야 한다. 우리 모두는 서로가 서로에게 어떤 의미가 있다. 그리고 그 의미는 좋은 공간에서 나눌 때 소중한 가치가 되며, 그러한 공간을 만드는 것은 새로운 소통을 나누는 것이다. 이 세상에서 처음부터 소중하지 않은 사람은 없다. 누구는 소중하고 누구는 소중하지 않다고 나누는 구분의 세계에서는 사람의 가치도 그렇게 구분이 된다. 그러한 분리의 세상에서는 인간성이 성장할 수 없다. 문제는 자신이 소중하다는 것을 알지 못하기 때문이며, 그것을 나누는 공간이 없기 때문일 것이다. 그것을 공간에서 배울 수 있다면 그것보다 좋은 공간이 어디 있겠는가. 그것을 생각하며 만들어야 하는 것이 공공의 공간이다. 모두에게 열려 있으며, 서로에게 보호받고, 소외나 차별받지 않으며, 서로를 감싸주는 그러한 공간 말이다. 누군가는 그것이 헛된 이상이라고 이야기하겠지만, 그러한 이상이 수많은 전쟁과 약탈, 공포 속에서도 인간을 인간답게, 도시를 도시답게 만들어온 열쇠가 아니었을까. 이것을 어떻게 물리적인 환경만으로 구현할 수 있겠는가. 그렇기에 같이 만들어나가는 것에 더 큰 의미가 있다.

여기는 크지 않다. 좁고 어둡고 길다. 그러나 이 공간이 가진 잠재력은 그렇게 작지 않다. 여기는 좋은 사람들이 좋은 마음을 가지고 좋은 아이들의 미래를 기대하며 만든 공간이기 때문이다. 먼 훗날 여기서 벽화를 그리던 아이들이 좋은 열매로 자라 그 후손들에게 좋은 기억을 물려줄 수 있는 기억의 공간으로 자라나길 기대할 뿐이다.

신현동 학미소풍 프로젝트 최종결과

계획기간	2017년 ~ 2018년	시공기간	2018년
기본설계 · 실시설계	이석현디자인연구실	지원기관	시흥시 신현동
사업시행	시흥시 신현동		

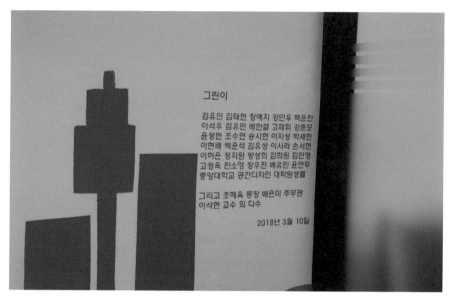

벽화제작에 참여한 어린이들의 이름들 그들이 10년 뒤에 찾아올 때 이 공간이 더욱 좋은 공간으로 자라 나길 바라며

오픈식 축하공연 장면

협치와 공생의 도시디자인

남양주 도시디자인 구축 이야기

남양주시는 나에게는 축복의 도시이다. 남양주 도시디자인에 대해서는 이전에도 《공감의 도시, 창조적 디자인》이라는 책으로 이야기했다. 하지만 나의 도시디자인 역사에 있어 뿌리와 같은 곳이고, 어느덧 그 뒤로 10년이 지나 키워온 과정을 새롭게 정리할 때가 되었다고 생각한다. 그만큼 도시디자이너로서의 삶에서 중요한 의미를 가졌고 다른 디자인의 추진에서도 중요한 의미를 가진다.

2007년

　　2007년은 내가 귀국한 첫해이고 남양주시와 인연이 시작된 해이다. 뒤돌아보면 그 시기는 국내생활에 적응을 못했고, 모든 것이 낯설었던 기억이 생생하다. 남양주와의 첫 시작은 우연한 만남으로 시작되었지만, 인연이 되려면 어떻게든 되려고 했던지 한 번의 만남으

남양주 다산로 이전의 노란 추락방지벽을 벽돌로 감싸 아름다운 강의 풍경을 복원하여 이제는 드라이브의 명소가 되었다

로 그치지 않았고 지속적으로 만날 거리가 생겼다. 그때의 경험이 몸에 베여서 인지 지금도 새로운 디자인을 시작할 때는 추진하는 담당자가 어떤 사람인지 보는 습관이 생겼다. 도시를 디자인하는 것 이상으로 중요한 것이 어떤 사람과 어떤 과정을 거쳐 결과를 얻고, 같이 한 사람들에게 어떤 의미가 있는가이다. 다행히 그 당시 담당자들은 의욕도 대단했고 초선이었던 단체장의 의욕도 대단했다. 만나서 우리가 할 수 있는 여러 가지를 이야기했고, 그간의 경험을 살려 경관의 중요성을 확산시키고 같이 만들어나갈 의욕 있는 사람들을 찾아나갔다. 그리고 지역을 어떻게 디자인하는 것이 바람직한가에 대한 방향도 설정하게 되었다.

어느 지역에 관계 없이 지속 가능한 도시를 키우기 위해서는 기초를 튼튼히 하고 같이 만들어나갈 사람을 키우는 것이 중요하다. 그 당시만 해도 주민참여나 주민 주도와 같은 말을 하면 우려 섞인 표정으로 말문을 닫는 것이 행정의 분위기였다. 그 표정에는 무언의 함축된 거부감이 드러나 있었다. 그나마 다른 지역에 비해 남양주시 행정은 양호했음에도 주민과 지역 경관문제를 해결한다는 것에는 회의감을 가지고 있었다. 그렇게 해 본 적이 없으면 그것은 당연한 반응이었기에, 무엇인가 이러한 상황을 바꿀 수 있는 실천이 필요한 때였다.

단체장과 담당자, 그리고 워킹그룹

도시도 사람이 만드는 것이고 경관도 결국은 사람이 만드는 것이다. 사람이 성장해야 도시도 성장하고 경관도 성장한다. 그 당시 유행했던 도시마다의 슬로건이 "명품도시"였는데 아마 국내 도시가 확장 주도에서 보다 품격 있는 곳이 되길 바라는 모두의 마음이 반영되었을 것이다. 그러나 결국 도시의 '명품'은 외형의 품격도 중요하지만, 내면의 삶과 생활, 그리고 문화적 품격이 따라야 가능하다.

이에 따라 우선 도시경관을 이끌어나갈 '리더' 또는 '시민'의 육성을 첫번째 과제로 정했다. 경관이 나쁘더라도 사람의 삶이 당장 큰 영향을 받는 것은 아니다. 문화 역시 마찬가지로서 문화가 없다고 해서 사람이 당장 죽는 것은 아니다. 그러나 문화가 융성하고 경관이 아름다운 곳에서의 삶은 달라진다. 이전과 비교해 보면 외환위기 때, 경관이나 환경을 이야기하면 이상한 사람 취급을 받았다. 실제로 그 당시 많은 문화와 도시 관련 계획은 멈추었으며, 먹고 사는 문제에 집중할 수밖에 없었다. 그러나 지금의 환경은 다르다. 다소 배가 고프더라도 문화와 경관은 여전히 중요한 문제이다. 그러기에 어렵더라도 문화와 경관은 장기적인 관점을 가지고 접근해야 하며, 이를 키울 정책과 사람을 키워야 한다.

남들이 준비하지 않을 때 먼저 비전을 제시하는 것이 리더의 역할이다. 그 당시 나를 남양주시로 불렀던 담당자는 타 부서에서 자체적으로 경관동아리를 이끌고 있었는데, 경관개선에 대한 높은 의지를 가지고 있었다. 귀국한 지 얼마 안 된 신출내기인 나와 의지를 불태우던 그 담당자는 비슷한 수준과 의지를 가지고 있었다고 기억된

남양주 전역을 덮고 있던 녹색과 청색의 공장축사의 지붕(2007년) 10년간의 노력으로 이제는 도로 주변에서 잘 보이지 않게 되었다

남양주시 워킹그룹 답사 가장 기억에 남고 빛나는 사진이다. 행정과 전문가, 지역주민이 경관을 생각하고 모여 토론하는 장을 만들었다. 큰 일은 하지 못했지만 그 자체로 의미 있는 실험이었다.

다. 우선 토요일을 할애해서 남양주 전역을 돌아다니고 경관의 문제를 찾는 것부터 시작했다. 도심에서부터 북한강 유역의 동네를 돌아다니고, 맛집에서 점심도 먹었다. 그 밥이 미끼였던 것을 나중에서야 알았지만 그 당시는 미처 몰랐다. 강가의 전통식당에서 먹었던 청국장의 맛은 너무 일품이었고, 차도 없던 시기에 지역 소개까지 해주니 더할 나위 없었다. 어쨌든 이곳저곳 돌아보니 공장과 간판, 어수선한 거리풍경과 시설물들이 인상 깊었다. 시간이 지나서야 그러한 풍경이 국내 외곽도시의 전형적인 풍경이라는 것을 알게 되었다.

그 후로 단체장을 만나게 되었다. 귀국 초기에는 엄청난 일이었고, 단체장의 부탁으로 많은 사람들 앞에서 강연도 하고 열심히 도와달라는 소리도 들었다. 그때는 한참 불이 타고 있을 때라 당연히 최선을 다한다고 이야기했고, 그 뒤로는 남양주라는 올가미에서 벗어나지 못하게 되었다. 그때 부탁을 하나 했다. 주민과 같이 경관을 만들 수 있도록 참여방식을 시 행정에 적용해 달라고. 단체장은 흔쾌히 수용하였고 실제로 많은 경관계획에서 주민들을 주체로 참여시키는 시스템을 정착시켜 주었다.

그리고 지역의 경관을 같이 고민할 사람들을 모으고 같이 무엇인가 하기 시작했다. 그것이 맞는지 아닌지 그 당시는 애매모호했지만 안 하는 것보다는 하는 것이 좋다고 생각했다. 당연히 기존 경관동아리가 주체가 되고, 추가적으로 주민들과 전문가들을 모아나갔다. 우선 담당자가 리더십이 뛰어나고 사람들을 모으는 데 탁월한 능력을 가지고 있었는데, 이는 지금 돌이켜봐도 초창기 어려움을 극복하고 의지를 모으는 데 중요했다. 그 덕에 주민협의체 결성을 우려했던 행정 내부의 불만도 조정되었고, 주민 내부의 불만도 적절히 정리되었다. 이런 협의에 익숙하지 않은 사람들은 작은 난관도 '괜한 일을 하니 이런 일이 생긴다'와 같은 생각으로 이어진다. 사람의 결속력은 위기극복의 원동력이 되지만 그 결속력은 쉽게 만들어지지 않는다. 누군가의 희생도 필요하고 눈에 보이지 않는 끊임없는 조정이 요구된다. 그것이 정치라면 정치고 협의라면 협의지만, 사람들이 모여 무엇인가를 해나가는 과정에서는 당연히 발생하는 것이다. 그로 인해 모든 것을 부정적으로 볼 필요도 없고 너무 낙관적으로 볼 필요도 없다. 부딪치면 조정해 나가면 되고 그러면서 사람들의 모임은 성장해 나간다. 전문가를 모으는 것은 나의 역할이었는데, 이 역시도 그 담당자가 잘 수행해 딱히 내가 할 일은 많지 않았다. 다소 어수룩한 나를 신뢰해 준 것이 오히려 나를 미안하게 만들었다. 독촉하면 오히려 도망가 버리는데 인간적으로 믿어주니 더 같이하고 싶은 마음이 생겼을 것이다. 어쨌든 많은 사람들이 모였다. 많이 모였을 때는 50명이 넘었다. 그로 인해 남양주시의 도시를 바꾸어나갈 준비가 갖추어졌다. 도시디자인에 대한 의지가 있는 단체장, 협의를 통해 적극적으로 지역 경관을 바꾸고자 하는 담당자와 관련 부서, 지역 경관에 관심을 가지고 같이하고자 하는 주민들, 디자인과 문화예술, 건축 등 각 분야의 전문가들, 그리고 그해 9월에는 도시디자인과도 만들어져 조직적으로도 훌륭한 시스템이 형성되었다. 그리고 우리 모임의 이름을 '남양주 워킹그룹'으로 지었다.

지역의 경관을 조사하고 이해하다

남양주시는 서울로의 접근성이 좋아 아파트단지와 같은 베드타운이 형성되기 좋은 여건을 가지고 있다. 또한 물류의 입지가 좋아 공장과 창고 등의 구조물이 지역 곳곳에 자리 잡고 있다. 이러한 지역에서는 까다로운 규제로 인구유입을 막기보다는 쉬운 인허가를 통해 개발을 유도하는 정책을 선호한다. 우선 먹고 사는 것이 중시되는 시기에 산업단지와 아파트단지만큼 지역발전에 효과적인 방법은 없기 때문이다. 그러다보면 자연스럽게 구도심의 문제는 소홀해지기 쉬우며, 도로 주변이나 사적인 영역의 경관관리는 소홀하게 된다. 이는 남양주시만이 아닌 2000년대 초반, 국내 대다수의 도시들이 처한 상황이었다. 일반적인 상황에서 이것은 특별히 문제될 것도 없었으며, 문제를 제기한다고 쉽게 해결될 일도 아니었다. 그리

남양주 거리 구도심의 풍경은 어디나 다 복잡하다. 간판도 예외는 아니다

워킹그룹 토론회 정기적으로 시청 대회의실에서 워킹그룹 구성원이 모여 다양한 토론을 했다. 차츰 시청에 들어오는 것이 자연스러워지며 토론의 분위기도 진지하게 진행되었다

고 그러한 상황에 익숙해지면 이것이 원래 우리의 본모습인가보다 하고 체념해 버리는 악순환의 길을 걷게 된다. 그래서인지 지금도 아름다운 풍경을 보면 자연스럽게 '외국 같다'라는 말을 하고, 조금만 복잡한 곳이 나오면 '우리나라 같다'라는 말이 쉽게 나오는 것일 것이다.

우선 워킹그룹에서는 남양주 전역에서 경관이 열악한 곳을 찾고, 그 문제와 해결책을 찾아내는 것부터 시작했다. 누구 하나 도와줄 사람이 없어 스스로 문제점을 찾고 대안을 모색했으나 해결방안은 쉽게 나오지 않았다. 이에 조사결과를 정리해서 시청 다산홀에서 국제 심포지엄을 열고 문제점을 공유하였다.

다음으로 워킹그룹을 중심으로 현안 경관문제에 대해 중점 토론

도시디자인 아카데미에서의 거리 답사 같이 걸으며 공간의 의미를 생각하고 디자인의 중
요성을 눈으로 확인한다

회를 실시하였다. 그 이후로 경관개선을 추진할 때는 주민이 워킹그
룹을 형성하여 토론과 평가에 참여하는 방식이 일반적으로 적용되
었다. 이러한 방식은 그 당시에는 매우 혁신적이었는데, 지금도 그
렇지만 많은 도시디자인 관련 토론은 공청회 형식으로 전문가와 행
정이 진행을 하고 마지막에 주민 의견을 수렴하는 방식이 일반적이
었다. 이러한 진행은 주민 의견이 반영되기도 어려우며, 반영하려고
해도 계획이 많이 진행되어 변경하기 쉽지 않았다. 우선 시청 보고
회부터 한쪽은 전문가와 행정 책임자, 한쪽은 주민협의체가 앉는 식
으로 변경하였다. 그 후로는 여러 가지 의견에 대해 가급적 귀를 기
울이고 조정하는 방향으로 분위기가 흘러갔다. 이런 과정을 거치며
주민들도 처음에는 행정의 행사에 가본다는 기분에서 차츰 진지한

자세로 참석하게 되었다.

　워킹그룹에서는 다양한 토론회와 스터디도 진행되었다. 주민들의 시청 출입도 자연스러워졌고 토론의 분위기도 진지하게 진행되었다. 그들 중 많은 수는 후에 마을만들기와 경관정비에서 지역의 든든한 주체로 참여한 경우가 적지 않았다. 그 당시는 물리적인 환경개선보다 경관을 바꾸어나갈 사람의 성장에 더 큰 의미를 두었다. 경관의 정책과 내용을 유지하기 위해서는 지속적으로 일을 추진하고 관리할 사람이 필요하다. 그러나 행정 담당자들은 보직순환이란 제도로 인해 한 부서에 3년 이상 일하는 것이 쉽지 않다. 전문가 역시 행정의 분위기에 따라 참여 여건이 바뀌게 되므로, 결국 주민이 주체가 되어 지역경관을 이끄는 것이 바람직하다. 지역의 리더를 만드는 것은 그만큼 의미 있는 일이며, 내가 떠나고 담당자가 바뀌어도 지역의 경관과 환경을 지키는 든든한 버팀목이 되는 것이다.

　그리고 행정과 주민들의 경관의식과 눈을 높이기 위한 다양한 교육을 실시했는데, 그중 하나가 도시디자인 아카데미였다. 그 당시 시청에서 교육을 위한 예산편성은 쉬운 일이 아니었는데, 담당자의 적극적인 노력과 단체장의 배려로 꾸준한 교육이 가능했다. 교육 때는 가급적 주민들과 설계사, 옥외광고물 관계자, 행정 담당자가 비슷하게 참석했다. 이러한 구성은 서로 간에 놓인 담을 낮추고, 자연스러운 협의관계의 구축에도 도움이 되었다.

　교육은 이론교육을 하루 정도 실시하고, 지역특성을 고려하여 도심부와 전원부로 나누어 답사를 진행하였다. 도심권 답사는 거리디자인의 변화와 의미를 전달할 수 있는 장소로 정하였고, 때에 따라 명소를 추가하여 학습에만 치중하기보다 같이 다녀서 즐거운 코스

도시디자인 아카데미의 이론강연 작고하신 정기용 선생님, 조성룡 건축가 등 거장들을 모시고 참가자들에게 의미 있는 시간을 만들기 위해 노력했다

로 편성하였다. 이론교육의 강연자는 사전에 찾아다니며 내용을 조율했는데, 나 역시 교육진행 경험이 부족하여 신중하게 접근했다. 그렇게 섭외된 분들은 당시 건축과 도시의 대가였던 분들이 적지 않았는데, 대표적으로 작고하신 정기용 건축가와 선유도를 설계한 조성룡 건축가도 어렵게 강연에 모시고 왔다. 굳이 지역 전문가가 아니더라도 훌륭한 분들의 이야기를 많이 들을수록 참가자에게는 더 큰 의미가 있었다. 그 이듬해에 정기용 선생님이 작고하셔서 더 이상 목소리를 듣지는 못하지만, 도시에서 건축과 디자인의 중요성에 대해 역설하신 선생님의 열정을 잊지 못할 것이다.

또한 건축과 도시디자인 이외의 예술, 문화, 생태환경 등 다양한 분야의 전문가를 강사로 초대하여, 참여자들이 보다 다양한 시점에서 경관을 바라볼 수 있도록 했다. 이는 단기적으로 지역 리더를 키우기보다, 그들이 보다 다각적인 시점에서 도시경관을 바라볼 수 있도록 하기 위함이었다. 이러한 다양한 전문가들과의 교류는 향후 실제 계획에서 그들의 지혜를 가깝게 빌릴 수 있도록 하였다. 그 과정에서 우리 역시 많은 배움을 얻었고, 그들의 지혜와 고집이 그나마 우리의 도시를 도시답게 만들어왔다는 것을 느끼게 되었다. '사람이 도시를 만들지만, 결국 그 도시가 다시 사람을 만든다'는 교훈 역시 그 속에서 얻은 것이다.

지역의 문제를 스스로 해결해 본다 – 협의의 기술

1년 정도의 경관 학습을 진행하면서 우리 스스로 지역경관을 계획하고 싶다는 욕심이 생겼다. 그러나 막상 의지에 비해 경험이 부족하여 어디서, 어떻게, 무엇을 해야 할지 막막했다. 거리 곳곳은 엉망이고 시설물은 아무렇게 설치되고, 건축물은 지역에 대한 고민 없이 지어지고 그 위를 복잡한 간판이 뒤덮고 있는데, 막상 우리가 할 수 있는 대처는 벌금을 부과하는 정도였다. 무엇보다 예산이 없었다.

그때 시작한 것이 경관심의와 협의였다. 행정에서부터 다양한 경관문제를 협의하는 제도적인 장치를 마련하였고, 협의가 가능한 대상부터 디자인 협의와 조정을 시작하였다. 대다수의 협의는 시 내부에 지어지는 건축물과 시설물의 디자인에 관한 내용이었다. 그러나 많은 협의는 제대로 된 계획안 없이 제출되었으며, 조정을 심하게 하면 아예 협의를 피하는 경우도 적지 않았다. 그로 인해 그나마 시작

진접초등학교 주변의 공간개선을 위한 워크숍 최초의 주민참여형 워크숍이었다

된 초기의 협의가 거의 형식적인 수준에 그치게 되었다. 이러한 사정은 지금도 여전한데, 협의와 심의보다는 빠른 사업시행을 위해 적당한 조정만으로 넘어가는 경우가 많다. 이는 이러한 협의가 비용과 시간이 많이 소요되기 때문에 협의 없이 넘어가는 것이 편하기 때문이다. 또한 협의에서 문제가 발생하면 추가시간이 필요하고, 재협의 준비도 만만치 않기 때문이다. 그러나 협의와 조정 없이 진행된 많은 계획의 부작용을 생각해보면, 다소 시간이 걸리고 불편하더라도 긍정적인 효과가 더 크다. 남양주시 내에서도 이러한 협의에 불만을 가진 사람들이 적지 않았는데, 결과적으로는 계획의 효율성과 디자인 수준, 민원의 정도가 이전과 비할 바가 아니었다. 오히려 단체장은 워킹그룹의 참여방식을 모든 계획진행의 표준으로 정할 정도였

남양주시 도로디자인을 위한 국제 샤렛 미국과 일본, 국내의 전문가를 모아 거리디자인의
해결에 대한 토론회를 진행하고 국제 심포지엄도 진행하였다

다. 이러한 갈등은 도시디자인에 민주적인 시스템이 정착되는 과정
에서 나타나는 현상이다. 다행히 최근은 많은 행정기관에서 이러한
협의와 조정을 적극적으로 시행하고 있다.

그 이후의 계획에서도 협의와 조정의 시스템을 정착시키기 위한
시도가 이루어졌다. 그러한 시도 중 하나가 디자인 샤렛(의견 수렴)
이었는데, 86번 국지도선을 신설하면서 기존의 토목 중심의 도로
개설에 지역경관을 고려한 디자인을 접목하면서 시작되었다. 이러
한 진행은 행정 내에서도 이례적인 일이어서인지 반대의견도 많았
다. 당시의 행정 책임자들의 적극적인 지원이 없었으면 아마 무산되
었을 것이다.

샤렛에서는 우선 국내외의 경험 많은 전문가들을 초청하여 지역

남양주시 도시디자인 국제 심포지엄 다양한 도시디자인의 철학과 경험을 듣는 기회가 되었다

현황과 문제점을 파악하고 수준 높은 디자인을 위한 토론을 진행하였다. 토론장 중앙 테이블에 현장의 지도를 펼치고 바로 그림을 그리며 대안을 제시하는 방식이었는데, 이러한 경험이 없었던 많은 사람들에게는 매우 신선한 접근이었다. 그리고 정리된 내용을 모두의 앞에서 대표자가 발표하도록 하였다.

샤렛은 참석한 관계자와 전문가, 워킹그룹 구성원 모두에게 의미있는 시간이었으며, 우리가 토론하고 고민한 흔적이 디자인으로 정리되는 열린 과정이 되었다. 이러한 경험을 통해 전문가와 행정의 소유물이 아닌 모두의 참여로 만들어나가는 도시디자인의 가능성이 확인되었다. 둘째 날 이루어진 국제 포럼에서는 이러한 디자인 철학에 대한 국내외 전문가의 발표를 통해 디자인 수준을 높이기 위해 과정과 조정에 대해 듣게 되었다.

누군가는 이러한 시도가 불필요하다고 생각할 수 있으나, 적어도 참여를 높이기 위한 2년간의 토론과 샤렛, 워크숍, 심포지엄은 우리를 다음 단계로 넘어가게 한 생각의 지렛대 역할을 했다.

그리고 다양한 논의의 결과로서 '전담부서를 만들고 남양주만의 경관기준을 만들자'라는 대책을 모으게 되었다. 그 당시는 각지에서 기본경관계획을 수립하던 상황이었다. 우리도 자체의 기본경관계획을 수립하고 옥외광고물과 가로변 건축물, 시설물의 색채를 개선하기 위한 방안도 수립하게 되었다.

우리만의 기준을 만든다

남양주시와 같은 넓은 도시의 경관을 개성적으로 계획하기 위해서는 부분적인 디자인 수준도 중요하지만, 지역의 특성을 고려하여 건축물과 시설물, 문화행사 등의 관계요소를 종합적으로 계획, 관리하는 것이 중요하다. 일관된 디자인 정책과 방향으로 10년 이상을 관리하면 어느 정도 경관의 틀이 잡힌다. 그러나 그러한 틀을 잡기 위해서는 디자인과 정책을 유지하기 위한 최소한의 약속이 필요하다. 이것이 우리가 '가이드라인' 또는 '매뉴얼'이라고 부르는 형식이다.

남양주시에서도 지구단위 차원의 디자인 가이드라인과 조례는 있었지만, 지역경관 전체를 관리할 수 있는 시스템은 없었다. 그래서 우선 만든 가이드라인이 '남양주시 환경색채가이드라인'이었다. 남양주시는 자연경관이 풍요로운 반면 개발제한 구역이 많고 북한강과 접해 있어 수변경관의 보호가 경관의 중요한 과제였다. 그 외에도 홍유릉과 다산생가와 같은 역사문화유산도 곳곳에 있다. 그럼에도 공장과 창고, 교량과 육교 등과 같은 가로의 시설물과 간판 등의 안내물의 색채는 원경에서 지역풍경을 해치는 주된 원인이 되고 있었다. 특히 각 요소들에 적용된 색채는 대다수 고채도의 파랑과 초록 등이 주를 이루고 있어 주변 자연경관의 연속성을 저해하고 있었다. 건축물과 시설물, 안내물을 개선하려면 많은 비용과 충돌을 감수해야 하지만, 색채와 소재 같은 외장정리는 효과적이고 빠르게 경관개선을 가져올 수 있다. 또한 비용면에서도 효과적이고 주민도 쉽게 참여할 수 있는 장점이 있었다.

약 3개월간의 연구를 통해 남양주시만의 시설물과 광고물 개선을 위한 환경색채가이드라인이 수립되었는데, 기존의 가이드라인과는 다소 다른 방식과 생각으로 만들어졌다.

우선 기존의 가이드라인은 두껍고 복잡하다. 그로 인해 대다수는 사업제안을 위한 참고자료 역할만 하였고, 백화점의 카탈로그처럼 책장에 모셔두는 경우가 다반사였다. 또한 협의와 유도보다는 규제 일변도인 내용으로 구성된 경우가 많았다. 이는 계획에 참여하는 전문가나 주민에게 거부감을 일으키는 경우가 많았고, 내용이 복잡하여 이해하기 어려운 문제점이 있었다. 우리는 색채를 잘 모르는 사람들이 봐도 쉽게 이해할 수 있도록 내용을 구성하고, 적용방식도 규제보다는 유도에 초점을 맞추었다. 가이드라인에 대해 행정 내부와 옥외광고물 관계자, 건축 전문가들의 반발이 있었지만, 세 번의 보고회와 협의를 거치며 가이드라인의 중요성이 공유되었고, 최

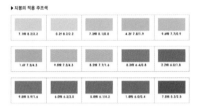

남양주 환경색채가이드라인의 공장·축사의 적용색채 가이드라인 최소한의 색채로 공장의 색채를 자연과 조화되도록 하였다

종적으로 적용이 결정되었다.

가이드라인의 핵심은 청사와 도서관, 체육관과 같이 공공성이 강한 건축물과 시설물은 차분한 권장색채를 사용하게 하고, 민간의 건축물과 시설물에 대해서는 채도범위를 정해 과도한 경관이 되지 않도록 조정하는 것이었다. 이로 인해 자연스럽게 색채의 연속성과 관계성이 정리되도록 하였고, 누구나 쉽게 사용할 수 있도록 대표색채를 핸드북과 프로그램으로 정리하여 배부하였다. 현수막 게시대가 그 대표적인 적용 예인데, 배경색의 채도와 글씨 크기만 규제하고 나머지는 자유롭게 적용하도록 하여, 다양하나 주변에 과도한 자극을 주지 않도록 색채가 정리되었다. 실제로 옥외광고물의 경우 이러한 규정을 준수하여 가로경관 개선에 크게 기여하였다.

이와 함께 경관개선에 자주 적용되는 색채를 120색의 펜북 형태로 정리하여 관련 부서에 보급하였는데, 이를 통해 행정과 민간 시설물, 건축물, 광고물 등의 색채도 쉽게 개선할 수 있는 기준이 제공되었다. 자신들이 잘 모르는 지역의 색채가 약속처럼 쉽게 이행할 수 있는 언어로 정리된 것이다.

가이드라인이 있더라도 사용하는 사람이 그것을 이해하지 못하고 준수하지 않으면 효과가 없다. 따라서 우리는 모든 디자인 협의와 심의에 가이드라인의 지속적인 준수를 권장하였고, 이를 기준으로 많은 건축물과 시설물을 조정할 수 있었다. 이를 바탕으로 기본 경관계획을 수립하고, 공공디자인 가이드라인, 남양주시 차량디자인 가이드라인, 범죄예방디자인 가이드라인, 관련 시설물 가이드라인 등을 추가적으로 수립하였다.

이후 가이드라인의 적용에서 건설사와 설계사, 옥외광고물 관련 단체와 적지 않은 충돌이 있었지만, 지속적인 협의와 조정을 통해 3년 후에는 어느 정도 정착이 되었다. 심지어 가장 강한 반대를 했던 옥외광고물협회에서는 그 후 남양주시의 아름다운 간판 경연대회를 열어 줄 정도로 적극적인 조력자가 되었다.

이러한 10년간의 노력 덕인지 자동차로 남양주를 달려보면 이전과는 달리 풍경을 자극하는 과도한 색채는 찾아보기 어렵다. 그 당시 우리가 계획했던 자연과 조화로운 도시 풍경에 50% 정도는 가까워졌다고 생각된다.

기준을 만들고 적용하기 위한 노력이 처음은 다소 불편하고 어색할 수 있으나, 문화로 정착되면 지역만의 디자인을 지지하는 든든한 기둥을 될 수 있다는 것을 우리의 시행착오는 보여주고 있다.

상업 경관지구의 색채기준

• 중심시가지 - 국도 46호 주변
• 주택지 상가지구

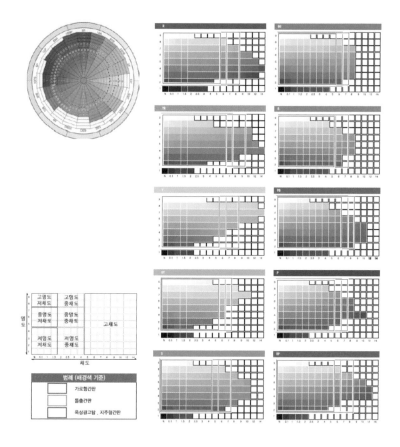

상업경관지구의 색채가이드라인 경관지구에 따라 적용색채의 범위를 다르게 하여 개성
이 연출되도록 하였다

| 현수막 게시대 – 남양주시 전 지역에 동일하게 적용

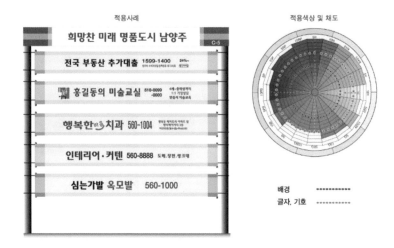

적용사례 / 적용색상 및 채도

배경 ＝＝＝＝＝＝＝＝＝
글자, 기호 ＝＝＝＝＝＝＝＝＝

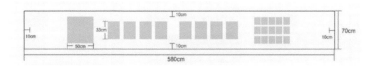

▶ 적용방법

구분	색채	크기	비고
배경	• 남양주시 옥외광고물 주조색 중에서 선정. • 채도 4이하, 명도 4이상에서 선정.	• 580×70 (cm)	• 배경의 그래픽은 배경색과 유사한 • 톤.색상으로 할 것.
글자, 기호	• 명도의 제한은 없음. • 채도 8이하.	• 세로 33(cm) 이하 • 기호, 상호는 가로 50(cm) • 이하로 한다.	• 현수막 세로 상단, 하단에 각각 • 10cm 여백을 둠.

남양주시 현수막 게시대 가이드라인 글씨의 크기와 채도만 규제하여 자연스러운 규제효과를 가져왔다

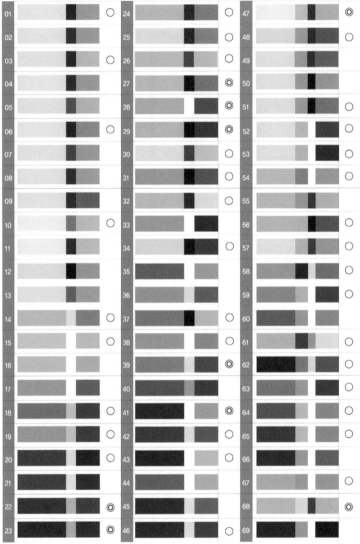

○ : 자연·역사 경관지구에 권장되는 배색패턴   ◎ : 관광·특화 경관지구에 권장되는 배색패턴

남양주시 옥외광고물 권장 색채

남양주시의 마을만들기

　2008년부터는 주민 주도의 도시경관을 조성하기 위한 마을만들기 사업을 추진하였다. 마을만들기는 기본적으로 지역을 주민 스스로 만들어나가고, 행정과 전문가가 지원하는 주민자치의 근간이 되는 도시형성 수법이다. 이미 선진도시에서는 70년대 후반부터 지속적으로 추진되어 왔다. 그럼에도 그 당시 국내에서는 행정 위주의 정책구조가 깊게 뿌리내려서인지, 주민 주도 행정의 기반도, 추진의 지도, 주체의 추진역량도 열악하였다. 그로 인해 경관과 공간계획에서도 계획결과를 공청회 정도로 보고하는 것이 관례가 되어 있었고, 주민은 그에 반발하여 이의를 제기하는 상황이 반복되고 있었다. 이러한 상황이 지속되면 주민은 결국 모든 것을 행정에 의존하게 되며, 주민자치와 같은 분권 민주주의도 후퇴하게 된다. 참여정부 시절, 이러한 주민 주도의 활동을 적극적으로 권장하는 정책이 있었지만, 제도적으로 정착되지 못하였다. 결과적으로 각종 경관개선과 지역재생에서 주민의견은 참고사항 정도로 그치는 것이 일반화되었다. 마을만들기는 주민이 계획과 유지관리의 주체가 되도록 하여, 일회성 개선이 아닌 지속적인 도시 형성기반을 성장시키는 것이 중요하다. 결국 물리적인 환경보다 문화와 사람을 키우는 기반조성이 목적인 것이다.

　초창기에 진행된 일련의 계획 역시 시행착오의 연속이었다. 주민도, 행정도, 전문가도 다 경험이 부족하였고, 지역 여건이 각양각색이어서 어디에 기준을 맞추기도 쉽지 않았다. 그래도 행정과 전문가의 의지가 높았고, 심지어 1년차 계획대상지 주민의 의지가 높았던 것은 다른 곳에 비해 큰 장점이었다. 단체장 역시 적극적인 의지가 있었고, 첫 대상지가 된 북한강 유역의 마을 역시 상수도보호구역의 규제만 받다가 마을개선이 가능하다는 이야기에 적극적인 참여의사를 밝히고 있었다.

첫해인 2009년, 13곳의 마을이 참여한 마을만들기가 시작되었다. 대다수 마을은 자연부락이어서 자연을 중시하는 계획이 요구되었으나, 주민들은 눈에 확 드러나는 물리적인 변화를 요구하는 편이었다. 초창기는 교육과 답사 등을 통해 스스로의 눈을 높이는 활동을 진행했고, 지속적인 컨설팅으로 의견을 좁혀 나갔다. 그러한 노력 덕분에 마을 대다수가 나름대로 의미 있는 성과를 얻었고, 정원과 산책로, 체험공간 등을 주민 중심으로 훌륭히 가꾸어냈다. 그 영향으로 시내에서도 마을만들기에 대한 우호적인 분위기가 형성되었고, 2010년에는 무려 46곳에서 계획이 진행되었다. 또한 단독형 아파트와 같은 도심에서도 새로운 도전이 시작되었다.

돌이켜보면 계획이 다 어설펐고 진행방식도 그다지 체계적이지 않았다. 그에 비해 성과는 훌륭했고, 주민 스스로가 지역을 만들어냈다는 성취감을 얻을 수 있었다. 이후 계획에서는 이 주체들이 또 다른 조언자로 참여하였고, 선도지역으로 선정된 곳은 한 해의 사업으로 그치지 않고 완전한 자립까지 전문가와 재정을 지속적으로 지원하였다.

능내1리와 같은 일부 지역에서는 경관개선만이 아닌 협동조합을 만들어 경제적 자립기반을 조성하였으며, 체험마을 조성과 지역 농산물 브랜드를 만드는 마을도 생겨났다. 전문가나 행정에 의존하는 방식이 아닌, 스스로 지역에서 무엇인가 할 수 있다는 자신감을 얻은 것만으로도 중요한 성과였다. 기존 행정의 방식으로는 도저히 만들어지지 못했을 창의적인 공간개선이 주민들의 아이디어와 힘으로 만들어진 것이다.

이후에도 남양주시 마을만들기는 주민 주도 계획의 근간이 되었으며, 다른 디자인 개선도 반드시 '마을만들기' 방식으로 추진하게 되었다. 해가 거듭되며 초창기와 다르게 진행되는 계획도 있었지만, 그 역시 변화에 맞추어나가는 과정이라고 생각되었다. 언제나 같은 방식, 같은 내용, 같은 결과가 나올 수는 없으며, 도시가 성장되어 가듯 마을만들기 방식도 그에 맞추어 성장하고 시련을 겪으며 변화되어갈 것이다.

이 같은 추진경험은 시흥시와 광주시 같은 다른 지역 마을만들기의 조성 시에도 좋은 자료가 되었다. 그리고 그때 같이했던 많은 주민들과 전문가들은 지금도 나의 든든한 벗이자 후원자이자 동료이다.

다양한 시도

이러한 가이드라인 수립과 마을만들기 외에도 우리는 많은 시도를 했다. 경관과 도시와 관련된 모든 부분에 있어 나름대로의 아이디어를 모으고 도전을 했다. 지나고 나니 모든 시도가 참으로 신선했던 것 같다. 어떻게 그런 아이디어가 나왔을까 가끔 대견하기도 하고, 무모했다는 생각도 든다. 그리고 같이 했던 사람들도 특이한 구성이었는데, 전문가를 비롯해서 예술가, 행정, 주민 등 힘이 되는 사

남양주 능내1리의 전망대 풍경 지금은 많이 낡았지만 그 당시 주민 주도 마을만들기의
선구자 역할을 한 곳이다. 이 전망대와 연밭 역시 주민 스스로 만든 유산이다

람은 다 모여 있었다. 그렇게 모으려 해도 힘들 텐데 어떻게 그렇게 모였다. 그렇게 모여서인지 무모한 도전도 많았고, 그 과정에서 우리도 나름대로 성장을 했다.

특히 우리 주변에는 지역에 거주하던 예술가들이 많았는데, 이종희 작가는 그중에서도 매우 특이한 존재로서, 항상 특이한 아이디어로 디자인 개선과 관련된 모든 일에 적극적으로 참여하였다. 본인이 살던 주민들과의 마을 미술활동은 물론, 한적한 시골마을을 예술품으로 채우고 주민들과 사회적 기업을 만드는 등, 지역공간을 문화로 채우는 독특한 방식을 보여주었다. 주변 동료들도 특이한 사람들이 많았는데, 마석의 참여형 거리디자인에서도 예술가들만의 독특한 감성으로 거리 간판과 건물 입면을 개성적으로 변신시켰다. 사실 거의 차비 정도의 경비에도 불구하고, 예술가들의 순수한 마음이 있었기에 독특한 풍경으로 변신이 가능했을 것이다. 항상 느끼는 것이지만 적어도 순수미술을 하는 예술가들은 아직 순수하다. 그들의 삶이 그들을 그렇게 만드는 것이겠지만, 그들이 그러한 삶을 고집하기 때문이라는 생각도 든다. 우리 사회가 문화적으로 풍성해지기 위해서는 그들에 대한 지원을 보다 아낌없이 해야 하지 않을까. 지금처럼 거리재생의 일시적인 소모품 정도로 취급하는 것이 아니고 말이다.

이렇게 탄생한 공간으로는 부엉배마을이 있고, 진접에서는 박찬국 예술감독이 '논아트 밭아트'라는 독특한 제목으로 불꽃 같은 활동을 보여 주었으며, 이구영 소장은 수석동 진입부의 벽화와 삼패삼거리를 독특한 풍경으로 변신시켰다. 수석동 진입부는 소주와 음료수 뚜껑을 모아 공간을 조성하였는데, 수집과정부터 작업 하나하나

조안의 꽃가람공원 주민과 전문가, 예술가가 모여 버려진 고가 밑 공터에 훌륭한 지역공원을 조성하였다

삼패삼거리 진입로의 장욱진 타일벽화 아이디어와 패턴도 좋았는데 시공에서 문제가 생겨 나중에 전체적인 보수를 하였다

수석동 마을 입구의 조형디자인 소주와 음료수 뚜껑으로 공간을 조성한 것으로서 병뚜껑 수집부터 작업 하나하나가 조형작품에 가깝다. 돈을 생각하면 감히 시도하기 힘들었을 것이다

가 거의 조형작품에 가까웠다. 돈을 생각하면 감히 시도하기 힘들었을 것이다. 그리고 삼패삼거리의 거리 역시 우리나라의 국보급 화가인 장욱진 화백 유족들의 허가를 얻어, 작가의 작품으로 거리를 조성하였다. 페인트 그래픽은 수명이 짧으나, 이 거리에는 타일을 이용하여 지속적으로 유지 가능한 작품을 만들었다.

마석삼거리의 마석광장과 주변 상가 간판정비에서는 주민들의 참여도 컸지만, 예술가들이 상인들과의 협의를 통해 디자인한 시도는 다른 곳에서 찾아보기 힘든 사례였다. 그렇게 만들어진 거리에는 시장에서만 볼 수 있는 독특한 풍경이 생겨났다. 특히 조각가들의 참여가 많았는데, 그들의 발상과 손기술은 수공예품과 같은 거리풍경의 원천이 되었다.

마석삼거리 마석광장의 조성 후 풍경 버려진 교량 밑에 광장이 조성되고 예술가들의 작품이 제작되었다. 간판은 예술가들이 상가와의 협의를 통해 디자인을 조정하고 직접 제작한 것이다.

그 외에도 눈에 보이지 않는 곳에서 그들의 활동은 놀라웠다. 그렇게 조성된 공간은 계획해서 나오는 것이 아닌, 사람의 엉뚱한 발상에서 나올 수 있는 창의로운 결실이라고 생각된다. 지금은 초창기 남양주시의 예측불허의 시도를 찾아보기 힘들지만, 적어도 나에게는 지금의 계획적인 방식보다 더 인간답고 남양주다운 디자인이었다고 생각된다.

그러한 협의의 시도는 다른 곳과 차별화된 도시를 만들고자 하는 의지가 우리 안에 가득했기 때문에 가능했을 것이다. "왜 정비를 한 거리는 예외 없이 비슷해지는가", "왜 거리개선만 하면 민원에 시달리고 기존 풍경과 어울리지 않는 것인가"하는 단순한 질문에 답하고자 한 것이었다. 그리고 그것을 이끈 원동력은 많은 협의를 감수하고 구도심만의 풍경을 연출하고자 했던 고집, 바로 그것 아니었을까. 그리고 실제로 그것은 그만한 '가치'가 있었다. 그렇게 '의미'를 부여하고 그렇게 '가치'를 만들지 못한다면 과연 그 공간의 '가치'가 제대로 생겨날까. 이왕 한다면 제대로 해야 한다. 물론 그러한 추진에는 항상 반발도 있고 시행착오도 필요하다. 실제로 의도한 대로 계획이 진행된 경우는 거의 없었다. 비가 오면 비가 오는 대로, 눈이 오면 눈이 오는 대로, 바람이 불면 바람이 부는 대로 만족하고 밀고나갔다. 아마 그 길을 사람들이 같이 걷지 않았다면 우리의 도전은 중간에 멈추었을 것이다.

특히 남양주시는 북한강변에 위치하고 있어 수변경관의 개선이 많았는데, 그 대표적인 사례가 다산로 조성이었다. 시작은 팔당호 주변에 위치한 다산로 옹벽에 그려진 청춘들의 낙서에 대한 토론에서 진행되었다. 주민들이 낙서가 지저분하다는 민원을 제기하였고, 시

다산로의 복원풍경 옹벽의 낙서를 지켜내고 다산 선생의 시와 그림을 넣고, 맞은편 방호벽은 수원성 이미지를 살려 벽돌로 차분한 분위기를 연출하였다

는 옹벽의 벽화를 대안으로 제시하였다. 그러나 실제로 보니 긴 옹벽에 락커와 페인트로 그려진 청춘들의 사랑고백은 너무 아름다웠다. 이러한 풍경은 지구상 어디에도 없었고, 결국 1년 가까운 토론 끝에 옹벽을 유지하게 되었다.

그리고 옹벽 앞의 노란색으로 칠해진 추락방지턱을 차분한 회색 벽돌로 감싸 매력적인 수변풍경을 연출하였다. 그리고 다산 정약용 선생님의 시와 그림을 조형적으로 표현하여 곳곳에 풍경화처럼 걸어두었다. 시설물은 가급적 목재나 유리 등의 천연소재를 사용하여 강물로 흘러가는 시선을 막지 않도록 하였다. 지금은 드라이브와 라이딩 코스로 유명한 곳이 되었지만, 벽화거리가 조성되었다면 지금과 같은 자연과 조화된 풍경은 없었을 것이다. 물이 아름다운 곳에서는 물이 아름답게 보이도록 인공경관은 차분해져야 하고, 달빛이 아름다운 곳에서는 인공적인 빛을 억제하여 달빛이 빛나게 해야 한다. 그것이 자연을 배려하는 경관디자인의 기본이다.

이상하게도 행정에서 설치하는 많은 시설물은 강한 색과 형태로 랜드마크를 만드는 경향이 강하다. 다행히 남양주시에서는 디자인 검토가 필수적이어서 중간 조정이 가능했고, 최대한 자연에 부하를 주지 않는 디자인으로 변경하였다. 그중에 대표적인 곳이 다산생가 진입부의 조형물과 남양주시의 명물인 피아노 폭포의 진입부 사인이다. 이러한 조정은 이 장소만의 디자인 기준을 세우기 위해서도 중요하다. 이마저도 없으면, 향후 자연경관을 저해하는 시설물과 건축물은 계속 나오기 때문이다. 남양주시와 같은 서울 외곽도시는 어수선한 풍경이 주가 되면 좋은 이미지로 성장하기 어렵다. 자연과 조화된 경관은 장기적인 플랜을 세워 그 장소만의 디자인의 흐름을 만들어야 한다. 그것은 적어도 10년 이상의 시간이 필요하며, 행정과 전문가, 주민이 그러한 풍경의 중요성을 이해하고 공적인 공간만이 아닌 사적인 공간에서도 자연 배려의 문화가 정착되어야 한다. 당시는 무리해서라도 그러한 풍경의 기준이 필요했으며, 그것이 디자인 조정에 반영된 것이었다.

피아노 폭포의 진입로 상징물도 그러한 조정사례 중 하나였다. 제안된 복잡한 디자인을 주변 경관에 부하를 줄이면서 주목성이 높은 디자인으로 조정하게 되었다. 야간조명도 조형물 내부로만 비추도록 하여 시각적인 공해를 최소화하였다. 이를 통해 상징물은 강 풍경의 조망을 저해하지 않으면서 충분히 사인의 역할을 하게 되었다.

다산유적지 입구 조형물도 개방적 디자인으로 개선된 좋은 사례이다. 과도하게 표현된 형태가 정약용 선생의 기술이 적용된 기중기의 상징성만 적용하여 주변과 어울리는 디자인으로 변경되었다. 이러한 자연공간의 조형물은 없는 것이 이상적이겠으나, 이미 계획과 예산이 세워진 상황에서 최선의 선택이었다고 생각된다. 야간에도 강화유리의 나무 이미지에만 조명이 들어오게 하여 차량충돌을 방지하게 하였고, 앞쪽에는 주차방지와 휴식을 위한 석재 벤치를 설치하여 보행자의 편의성을 높였다.

이러한 비워내는 디자인 시도는 다른 곳에서도 지속되었다. 그 당시 남양주시의 교량이나 육교, 정류장, 사인 등에는 대다수 고채도의 파란색이나 녹색이 적용되어 있었다. 물어보면 남양주시의 상징 색채가 파랑과 녹색이어서 그렇다고 했는데, 고채도색을 가로시설물에 사용하면 가로경관이 복잡해지고 실제로 그러한 시설물이 랜드마크가 될 필요는 없다. 그 이후로 남양주시의 시설물과 건축물

피아노 폭포의 진입로 상징조형물 주변 토양의 색채와 비워내는 디자인으로 경관의 부하를 줄이면서 주목성이 높은 형태를 적용하였다. 야간의 빛도 조형물 내부로만 비추도록 하여 시각적인 공해를 최소화하였다

다산생가 유적지 진입부의 상징조형물 강화유리와 주변 나무의 색채를 적용한 기둥만으로 개방감을 주어 주변에 부하를 주지 않으면서도 수원성의 기중기의 의미만 부여하여 나름대로의 상징성을 적용하였다

교량에 남양주 색채 적용 이를 통해 주변 자연경관을 편안하게 즐길 수 있다

에 적용되던 모든 고채도색을 덜어내고, 주변에 부하를 주지 않는 색채로 전환하였다.

특히 교량 하부는 규모가 커 개선도 쉽지 않았는데, 이미 조성된 곳은 어쩔 수 없더라도 새롭게 조성되는 곳에는 최대한 차분한 남양주시의 환경색채 적용을 원칙으로 하였다. 남양주시는 서울과 지방을 연결하는 자동차전용도로나 고속도로가 많다. 그 도로에 설치되는 교량에는 남양주 권장색채를 필수적으로 적용하였고, 3년 정도 각종 위원회와 자문을 통해 색채를 변경하자 놀라울 정도로 가로경관이 차분해졌다. 이를 통해 주변의 자연이 편하게 눈에 들어오고, 가로의 연속성도 높아졌다.

그 외에 남양주시에는 창고나 공장건물이 많았는데 그러한 건물과 구조물의 대다수도 파란색이 적용되어 있었다. 우리나라 사람들의 파란색 사랑은 정말 유난하다. 그중에 하나가 시멘트를 저장하는 샤일로로서 그 외관도 어김없이 고채도의 파란색이 적용되어 있다. 문제는 그 샤일로가 교통과 경관이 좋은 곳에 위치하고 있다는 점이다. 이를 개선하기 위해 관련부서와의 심의와 자문, 공모를 통해 샤일로의 외관을 위해시설로 보이지 않도록 디자인 개선을 시도하였다. 개선 시 색채는 주변 토양색을 적용하여 원경에서도 조망에 지장을 주지 않도록 하였다. 형태는 그릴이나 갈바로 제작하여 샤일로 안쪽을 볼 수 있도록 하였다. 이는 기능적으로 환기를 고려한 것이었지만, 한편으로 이 공간이 개선되더라도 기존 원형에 대한 반성을 잊지 말자는 의도가 있었다.

덕소의 샤일로 개선은 건축디자인 공모를 통해 진행되었는데, 최종적으로는 샤일로를 인조목재로 감싸 외부에서 한강의 조망을 막지 않도록 개선하였다. 또한 개선 후 남은 공간에는 휴게공간을 조성하여 주민들의 편의를 제공하였다. 이를 통해 덕소의 아파트 주민들은 한강 조망을 가로막았던 샤일로가 보이지 않게 되어 편하게 자연경관을 즐길 수 있게 되었다.

양정역 주변의 샤일로는 샤일로를 타공판 그릴로 막고, 차폐식재를 통해 주변 경관에 지장을 주지 않는 세련된 건축물로 변모시켰다. 그 결과 원경에서도 전원에 지어진 주택과 같은 분위기가 연출되었다.

이러한 시도는 우리가 무심코 넘기기 쉬운 시설물과 공장건축물의 디자인을 지역경관을 고려하여 개선하기 위한 노력의 일환이었다. 이렇게 형성된 이미지는 장기적으로 주변에 들어서는 건축물과 시설물의 디자인에도 영향을 미치게 될 것이다. 실제로 북한강 일대의 많은 건축물은 주변 자연에 어울리는 디자인으로 변화되는 경향

덕소의 샤일로 디자인 개선 후 내부의 샤일로를 인조목재의 그릴로 감싸 외부에서 한강 조망을 막지 않도록 개선하였다

양정역 주변의 샤일로 디자인 개선 후 샤일로를 타공판의 그릴로 막고, 차폐식재를 통해 주변 경관에 지장을 주지 않는 세련된 건축물로 변모시켰다

도 보였다. 그렇게 경관이 관리되면, 자연이 아름다웠던 이전의 남양주로 재생될 것으로 예상했었고, 10년이 지난 최근은 그 당시 상상하기 힘들 정도로 변했다. 물론 아직도 그 시기의 흔적이 곳곳에 남아 있지만, 변화된 분위기는 지역의 디자인 문화를 바꾸는 데 크게 기여했음이 분명하다.

지역에 지어지는 아파트도 부서 협의와 심의를 통해 남양주시만의 기준을 따르도록 하였다. 도심에서는 다양한 건축디자인이 가능했지만, 새롭게 조성되는 신도시라도 자연경관이 수려한 곳은 디자인을 엄격히 관리하여 주변 경관과 최대한 조화되도록 하였다. 진접과 별내와 같은 신도시는 산과 전원이 주변에 있어 특히 신경을 써야 했다. 그럼에도 일부 아파트는 협의와 다른 디자인이 적용되었고, 오랜 기간의 협상을 통해 개선한 사례도 있었다. 그렇게라도 지역의 차별화된 경관은 반드시 필요했으며, 결과적으로 신도시가 조성된 후의 풍경은 그러한 가치가 있었음을 보여주고 있다. 지금도 건축위원회와 공동위원회, 경관위원회, 공공디자인위원회 등에서 공동주택의 디자인을 관리하고 있지만, 기본적으로는 지역의 기준에 얼마나 충실한 디자인인가를 자문을 통해 조정하고 있다.

남양주시와 같은 수도권 도시는 도로가 여기저기 뚫려 있어, 철저하게 관리하지 않으면 금방 산만하고 획일화된 경관이 되기 쉽다. 따라서 가로경관 관리를 위한 끊임없는 협의와 자문이 필요하다. 가로 주변에는 민간의 건축물과 시설물, 간판 등이 있으며, 가로등과 펜스, 보도 등과 같은 시설물도 많다. 이것이 모여 도로경관을 이루게 되기 때문에 도로를 설계할 때는 물리적 환경과 주변 자연환경과의 관계 고려가 필수적이다. 그러나 실제로는 가로의 계획이 수립

협의를 통한 아파트 색채의 관리 후에 재도장을 통해 자연공간에 어울리는 색채로 변경되었다

되면 일률적인 시설물과 조경, 변곡점, 휴게시설 등의 설치가 일반적이다. 그리고 그러한 도로디자인이 경관 획일화를 만드는 주된 요인이 되어 왔다.

그러한 문제해결을 위해 진접과 오남을 연결하는 86번 국지도 계획에서는 경관디자인에 적극적으로 개입하였다. 디자인 조정회의에서는 기본디자인이 차별화되어 있지 못하고 주변 풍경과의 관계, 조망의 관계 등이 부족한 점이 확인되었다. 이러한 디자인 개선을 위해 국외 디자인기관과 우리 연구진이 모여 새로운 계획을 수립하였다. 수정계획에서는 도로구간을 자연구간, 시가지구간, 두 가지 경관이 혼합된 구간으로 구분하고, 그에 따른 가로의 디자인과 식재, 회전구간의 연출, 조망공간과 휴게공간 등을 계획하였다. 마지막으로 각 구간에 맞는 시설물과 교차로, 랜드마크의 디자인도 같이 진

STREET SCAPE DESIGN - OUTLINE

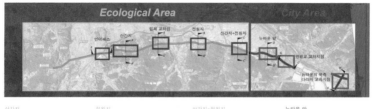

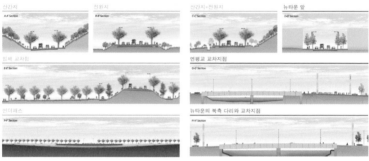

Ecological Area
Regional Landscape & Environmental Presarvation

전원지 상세 해설도

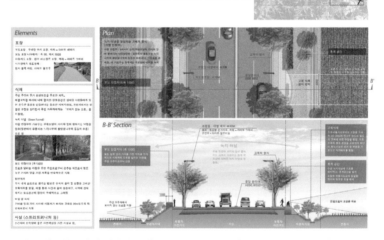

86번 국지도의 구간별 디자인 플랜 주변 경관의 특성을 고려하여 도로경관을 디자인하였다

행하였다.

이렇게 만들어진 디자인은 기존의 도로와 달리 수목이 성장하며 매력적인 풍경이 되도록 하였으며, 시점에 따른 경관의 다양성도 고려되었다.

아쉽게도 최종디자인은 예산 부족을 이유로 일부만 적용되었지만, 풍경의 일부로서 도로를 계획하였다는 점에서 이후에 진행된 도로디자인에 큰 영향을 미쳤다.

이 외에도 2008년부터 남양주시에 지어진 대다수의 건축물과 시설물에 대해 협의와 조정, 실험을 통해 남양주시에 어울리는 경관 형성의 시도를 해나갔다. 서투른 실수도 다수 있었지만, 그 과정이 지금 남양주시의 풍경을 만들게 한 초석이 되었음은 분명하다.

도시경관의 시스템을 디자인한다

남양주시에서 이러한 도시디자인의 실험이 가능했던 것은 우선 단체장이 3선을 하며 10년 이상 정책의 일관성을 가질 수 있었고, 정책자문관 제도 등으로 디자인의 유지와 관리가 가능하도록 책임을 분산시켰던 정책 영향이 크다. 또한 타 지자체에서는 자문과 심의를 거치지 않고도 건축물과 시설물이 조성되는 경우가 많았으나, 남양주시는 자문과 조정, 주민 협의를 거쳐 조성과정을 확인하였다. 도시의 디자인을 시스템적으로 관리하지 않으면 이미지 형성까지 이어지기 어렵다는 것은 주지의 사실이다. 몇몇 뛰어난 랜드마크가 지역 이미지를 대표할 수도 있으나, 지역의 경관수준을 높이기 위해

디자인 자문 대다수 공장 건축물의 디자인과 색채, 소재 등을 면밀히 검토한다

서는 다양한 경관요소가 장소의 이미지와 조화를 이룰 때 가능하다. 따라서 도시계획, 경관, 건축, 조경, 공공디자인, 마을만들기 등 각 분야가 유기적으로 지역의 디자인 흐름을 공유하고, 행정과 전문가, 민간이 그 흐름을 각자의 분야에서 이행하도록 적절한 장치가 작동되어야 한다.

일단 행정 내부에서는 도시디자인 부서가 일관된 디자인 정책을 운용하도록 권한이 부여되어야 하며, 전문적인 자문이 가능하도록 전문가 풀이 구성되어야 한다. 도시디자인은 내가 조정하였지만, 건축·조경·생태건축 분야의 훌륭한 전문가가 있어 항시적으로 디자인이 조정되었고, 단체장이 최종 승인하는 방식으로 운영되었다. 이로 인해 행정 내부에서도 도시디자인에 대한 시의 방침과 내용을 적극적으로 반영하기 위해 노력하였고, 도시계획위원회와 경관위원회, 건축위원회 등에서는 그러한 기준의 준수 여부를 확인하고 재조정하는 단계를 거쳤다. 남양주시와 어울리지 않는 디자인이 가끔 나타나기도 했지만, 전체적인 흐름은 잘 유지되었다. 이러한 시스템이 지속적으로 작동되면 도시의 문화가 되고 상식이 되어, 당연히 지켜야

진접의 장현도서관 전문가와 주민, 행정의 적극적인 협의로 디자인과 기능에서 최고의 결과물이 되었다

할 것으로 인식하게 된다. 가끔 우스갯소리로 남양주시의 가로시설물과 공공건축물 중에서 내 손을 거치지 않은 것은 없다고 이야기할 정도로 시스템은 잘 유지되었으며, 지금도 도시디자인과와는 주기적으로 소통하고 있다. 지금은 그 수가 많아 대다수 메일로 보내고 중요한 사항만 직접 검토하는 점이 다소 차이가 있다.

　그 외에 민간 전문가인 건축사와 설계사, 도시디자인 전문회사 등과의 교류가 중요하며, 주민과의 협업을 위한 네트워크도 도시경관 시스템의 한 축이라고 할 수 있다. 아니 실제로는 가장 중요한 축이다. 남양주시는 이 부분에 대해서도 모든 계획에 주민협의체를 구성하여 주민참여를 높였고, 동시에 전문가 역시 지역의 디자인 방식과 내용을 잘 이해하고 있어 계획과정에서 오는 충돌을 줄이고 있다. 아무리 공공에서 좋은 정책을 만들어 반영하고자 해도 민간영역의 주체들이 거부하면 그 정책은 실현되기 어렵다. 그래서 처음부터 동의의 과정을 만들고 같이 헤쳐나가는 것이 중요하다.

또한 계획과 시공과정에서도 최대한 주민들과 협의를 진행하였는데, 초창기에 비해 주민들의 참여수준이 높아진 것을 보면 일찍이 그 같은 정책을 추진한 것이 바람직했다고 생각된다. 나중에 정착시키려 하면 어려웠겠지만, 우리의 경우 협의가 자연스러운 문화가 되도록 노력했기에 공공영역의 경관수준만큼이나 민간의 참여수준도 높아진 것이라 생각된다. 공공건축물 조성과정에서도 주민들의 다양한 아이디어와 요구를 반영하기 위한 시도를 했다. 시공 중간과 최종 과정에서 전문가들이 설계도면과 검수를 하는 과정도 그러한 시스템의 일부라고 할 수 있다.

개인의 뛰어난 역량으로 도시경관을 훌륭하게 만들 수 있을지라도, 그것이 사람과 공간 속에서 문화로 자리 잡기 위해서는 모든 이의 역할이 잘 움직일 수 있도록 하는 시스템이 중요하다. 또한 도시의 물리적인 환경은 몇몇의 노력으로 개선될 수는 있으나, 지역의 문화와 재생, 가치, 의미 등과 같은 눈에 보이지 않는 비물리적인 환경은 결코 일부의 노력으로 될 수 없고 되어서도 안 된다. 그것은 도시의 디자인이 도시라는 공간 속에서 모든 이를 위해 만들어낸 민주적 결실이 되어야 하기 때문이다.

지속 가능한 도시의 재생과 디자인을

다행스럽게도 최근에는 행정 내부에서 도시디자인을 중시하는 사고가 확산되어 이전과 같이 부조화된 디자인은 지양하는 분위기가 형성되고 있다. 나 역시 그렇게 형성된 시스템과 분위기 덕에 최근은 심각한 문제가 생긴 곳만 신경 쓰고 나머지는 이메일로 처리하고 있다.

그럼에도 남양주시가 전반적으로 아파트 중심의 베드타운으로 변해가고 구도심의 재생이 더딘 점은 아쉽기만 하다. 물론 수도권 근교의 구도심 재생은 경제적인 관점에서 쉽지 않은 일이다. 그나마 활용 가능한 매력적인 공간이 그다지 없는 문제도 있다. 자연이 아름다운 곳은 그 매력을 살리면 되지만, 도농동과 금곡동과 같은 중심 구도심에서는 거리특성을 살린 가로형성이 쉽지 않다. 화도에서는 10년 이상 갖은 노력을 했지만 큰 성과를 거두지 못했다. 경관자원이 없는 곳에서 개성적인 거리의 조성은 쉽지 않았다. 금곡동도 도시재생사업지로 선정되어 한창 재생사업을 진행하고 있지만, 홍유릉과 같은 뛰어난 역사자원이 있음에도 차별화된 구도심의 경관조성이 쉽지만은 않을 것이다.

이미 남양주의 공동주택단지는 충분하며, 수변공간의 재생도 충분히 진행되었다. 이제 남은 것은 구도심을 '어떻게 쾌적하고 개성적인 공간으로 만들 것인가'에 대해 주민과 머리를 맞대고 풀어나가야 한다. 걸으며 정취를 느낄 수 있는 구도심을 살려내지 못하면 남양주시는 아파트만이 남게 되며, 그런 도시에서는 문화가 성숙되기 힘들다. 이것이 우리가 헤쳐나가야 할 과제이며 이전보다 더 힘든 싸움을 거쳐야 할 것이다. 마을만들기에서도 겪었지만, 이러한 싸움에는 개발이익과 주거에서의 가치문제가 직접적으로 대립된다. 여기에 10년 전에 도시디자인에 참여했던 대다수의 사람들도 바뀌었고, 단체장도 바뀌었고 주민 리더들도 새롭게 구성되고 있어 기존과는 다른 방식과 사고로 접근해 나가야 한다.

그러나 우리가 뿌리 내린 10년의 시간이 있었기에 앞으로의 도시재생도 처음부터 고생하는 정도는 아닐 것으로 믿는다. 물론 근거 없는 믿음이기는 하지만 처음 시작했을 당시에도 그러했듯이 이러한 상황을 두려워 주저한다면 아무것도 변하지 않을 것이다. 앞으로의 새로운 도시재생에서도 시행착오는 필요하기 때문이다. 그 뿌리 내린 힘이 보이지 않는 곳에서 그들의 무모한 도전을 지원할 것이고, 그들은 이전에 없었던 새로운 재생과 디자인의 대안을 만들 수 있을 것이다.

좋은 만남, 좋은 사람, 좋은 도시, 좋은 경관, 좋은 삶

나도 이제 좋은 나이가 되고 있다. 전문가로서는 아직 부족하지만 나름대로는 적지 않은 경험을 하였다. 그렇게 10년이 지났다. 그럼에도 나보다 더 경험이 풍부한 전문가들을 보면 대단하다는 생각이 든다. 다년간 수많은 도시에서 총괄계획가를 하며 내가 쌓은 내공도 꽤 되지만, 그들이 살아온 발걸음에 비하면 아직 새발에 피다. 그래도 이 만큼 나를 키운 것은 실패를 겁내지 않는 무모함이 작용했다. 그리고 주변에서 나의 많은 실수를 눈감아 준 관용의 덕도 컸을 것이다. 내가 그 초년시절을 남양주에서 보냈다. 다른 지자체에서 그렇게 했다면 일찍이 관계가 단절되었을 것이다. 아마 같이 했던 그들이 그 사실을 몰랐을 수도 있고, 알면서 모른 척 했을 수도 있었을 것이다. 그 좋은 사람들을 만났던 것은 나의 운이자 행복이다. 그리고 지금 만나도 다 좋은 사람들이다. 물론 그중에는 이상한 사람들도 있었겠지만, 그것을 굳이 내가 찾지 않는 한 적어도 내 기억에는 없었다. 행여나 있었더라도 기억에는 별로 남아 있지 않다. 그래서 누군가 물어보면 항상 내 디자인의 고향은 남양주라고 이야기하고 나를 키운 것은 남양주시에서의 시행착오라고 이야기한다. 그들과 같이 한 모든 것이 좋았던 것은 아니었고 가끔은 의견이 맞지 않아 한동안 얼굴을 붉힌 적도 있었다. 반면 가로변의 골프연습장 건설을 막기 위한 준비과정에서는 같이 늦게까지 서류를 준비하며 땀을 흘린 적도 있었다. 그 많은 사람들과 협의하고 조정하는 사이 10년이 흘렀다. 지금도 가끔 그 당시의 대책 없던 돌진이 그리워지곤 한다. 그리고 같이 했던 사람들과의 자리도 그립다.

　도시의 디자인에서 혼자서 할 수 있는 것은 거의 없다. 개인적으로는 혼자서 할 수 있더라도 해서는 안 된다고 생각한다. 이 도시는 누군가의 소유물이 아니기 때문이다. 다양성이 항상 도시의 공간 위에 존재하고 그 위에 사람이 모여 도시를 형성하며 역사를 만든다. 그렇기에 우리는 도시를 구성원들과 더 좋은 도시를 만들기 위해 노력해야 하고, 그러한 과정 속에서 새로운 정체성이 만들어진다. 많은 도시의 디자인 가이드라인과 매뉴얼을 보면 도시의 정체성이란 단어가 수도 없이 나오지만, 그 정체성의 실제 뿌리는 사람과 문화이지 물리적인 것의 영향은 크지 않다. 정체성이란 것은 생각이고 생각이 모여 문화가 되고 문화가 형성된 사람 사는 곳이 도시 아니겠는가. 그것이 우리가 흔히 '약속' 또는 '가치'라고 이야기하는 것이다. 그 가치가 잘 형성되어나갈 때, 도시경관의 정체성은 자연스럽게

대학원생들과의 현장 답사 우리 학생들도 매번 새로운 아이디어로 디자인에 새로운 자극을 주었다. 그들에게도 감사를 드린다

형성되고 좋은 삶의 토대도 만들어진다. 도시재생의 가치도 우리의 문화를 바꾸는 것이 최종 종착점이지, 물리적인 환경의 변화가 그 종착점은 아닐 것이다.

그것이 내가 남양주시의 경험에서 배운 것이다. 다시 한번 그 많은 좋은 사람들과, 그러한 도시를 만난 것에 감사드리고 싶다. 그리고 새롭게 시작하는 이들이 우리보다 더 훌륭한 도시를 만들 수 있기를 기대한다. 다른 곳과 똑같은 재미없는 도시 말고 말이다. 도시도 생물이라면 그것이 살아가는 맛 아니겠는가.

도시재생을 위한 다양한 시도와 가치

도시의 역사와 자연, 그리고 사람들

나라와 지역마다 다른 도시의 디자인과 재생방식

2000년대 초반 일본에서 경험했던 도시만들기를 보면서 의아해
했던 점이 있었다. 왜 저들은 저렇게 지루하고 꼼꼼하게 협의하는
것일까. 그러면서도 각 도시의 특징을 살리는 도시만들기를 보면서
우리에게도 저런 모델이 필요하지 않을까라는 생각을 했었다. 특히
도시 재개발을 진행하면서도 높은 재정착률을 유지하는 요코하마
의 도호쿠 신도시의 방식은 전면개발을 선호하는 우리 도시에 필요
한 부분이라고 생각하였다. 2000년대 초반, 독일과 스페인 등의 유
럽 도시들을 보면서는 우리는 왜 저들과 같이 자연을 존중하면서
역사를 살린 도시를 만들 수 없을까 하는 의문도 품게 되었다. 거대
한 도시공원과 체계적인 가로체계, 웅장한 박물관과 미술관, 그 속
을 걸어가는 여유 있는 사람들에게서 부러움과 함께 우리도 무엇인
가 해보고 싶다는 자극도 크게 받았다. 미국과 캐나다 도시의 체계

일본 사와라의 전통가로 주민 주도의 전통마을 재생의 대표적인 사례이다

와 여유로움도 부러움의 대상이었다.

  그리고 귀국을 해서 10년을 넘게 다양한 도시디자인을 경험하게 되었다. 운이 좋게도 국내에서 도시디자인이 가장 열풍인 시기에 귀국하였고, 다양한 도시에서 다양한 사람들과 고민하고 부딪치며 디자인을 할 수 있었다. 그 과정에서 돈으로는 살 수 없는 경험과 성과도 얻게 되었다. 또 하나 절실하게 배운 것은, 유럽과 북미 등 서구의 도시들이 이뤄온 도시디자인과 재생의 성과가 우리에게 많은 교훈을 주지만 많은 차이가 있다는 점이었다. 우선 도시성장의 뿌리가 다르고 그 도시를 살아가는 사람들과 행정체계, 기질, 기후 등이 달라 그 방식 그대로 적용한다고 유사한 결과가 나오는 것이 아

밴쿠버의 다운타운 스카이라인 중심부의 고층화를 구현하면서도 외곽의 건축물 높이를 낮추고 구도심과의 공존을 추구하는 개발방식은 여전히 우리에게 시사점이 크다

니라는 것을 이해하게 되었다. 실제로 우리가 10년 이상 쌓아온 도시디자인의 결과물은 경관적으로 이전 도시와는 다른 경향을 보여주었다. 항상 문제라고 하면서도 그들이 장기간 구축한 도시의 성과를 단기간에 쫓아왔고, 그 속에서 새로운 경관과 의식의 성장을 이루어왔다. 물론 우리 도시에는 오랜 교류와 갈등을 거쳐 만들어진 그들의 도시와는 달리, 급격한 도시화에 따른 역사문화 경관의 훼손과 구도심과 공동체의 파괴 등의 부정적인 측면도 나타났다. 그럼에도 여전히 우리의 도시는 성장과정에 있고, 이제 우리가 가진 잠재력과 뿌리를 재생에서 찾고 있다. 단기간에 이 정도로 성장한 것만으로도 큰 성과이며, 따라서 앞으로의 전망도 너무 부정적으로

중국 소추의 가로 풍경 기존 도시의 흔적을 어떻게 살려내는가는 도시의 생명력을 잇는 중요한 행위이다

볼 필요는 없다.

　그들 역시 수많은 전쟁과 교류를 겪으며 성장해 왔으며, 가까운 일본과 중국만 하더라도 근대화 과정에서 도시 해체와 도전을 거쳐 왔다. 미국도 도시 스프롤과 구도심 파괴, 반성과 재생을 거쳐 지금과 같은 도시를 구축하게 되었다. 여전히 우리는 도시디자인의 성장기에 있다. 누군가는 냄비근성이라고 하더라도 그 근성으로 인해 우리의 부족한 점을 메우면서 도시를 성장시켜 왔으며, 지금도 새로운 대안을 찾고 있다. 우리 도시가 나아가야 할 이상적인 디자인은 그 누구도 알 수 없다. 단지 그들과 같이 우리도 고민하고 부딪치며 걸어갈 뿐이다.

삿포로 오타루의 수변풍경의 재생 문화적 정취가 숨 쉬는 도시를 만들고 그것을 즐기며 살아가는 도시, 긍지를 가지고 그것을 지켜나가며 살아가는 시민이 있는 도시가 이상적인 도시재생의 풍경이 아니겠는가. 여기에 경제적인 자립까지 더해지면 지속가능성은 더욱 커진다

상해의 신천지 거리 벽돌 하나까지 기존의 흔적을 살려 건축물을 만드는 그들의 노력이 도시의 맥락을 잇게 한다. 고층 건물 속에서도 매력적인 도시의 흔적은 그렇게 남는다

부산 감천마을 전경 부득이하게 개발이 뒤쳐져 살아 남은 구도심의 매력을 찾는 것에 위안을 얻어야 하는 것일까. 왜 우리는 처음부터 이런 매력을 발견하고 계승하지 못했을까

   그리고 간과하지 말아야 할 것이 또 하나 있다. 우리는 이미 오랜 역사를 거치는 동안 서구와는 다른 훌륭한 도시의 디자인을 해왔으며, 아직도 적지 않은 곳에 그러한 흔적이 있다는 점이다. 모든 일에는 원인과 결과가 있듯 현재의 모습이 있기까지 거쳐 온 흔적 역시 부정적이건 긍정적이건 의미가 있으며, 우리의 역사이다. 그렇기에 그들의 수많은 성과가 우리가 나아가야 할 모범답안이 될 수는 없으며, 우리는 더 나은 도시를 디자인하기 위해 우리만의 방법을 찾아야 한다.

도시재생의 경험과 가치는 이미 우리 속에 있다

2005년을 전후하여 일본 사쿠라가와시 마카베마치의 경관계획에 참여할 수 있는 기회를 가지게 되었다. 그리 흔치 않은 기회였는데 한국에서의 실무경험이 적지 않은 도움을 주었던 것 같고, 그 당시 내부에 역사경관과 색채경관을 둘 다 연구한 사람이 딱히 없었던 탓도 있었다.

마카베마치는 일본 관동에서도 도쿄와 비교적 가까운 곳으로서 역사적인 건축물이 많이 남아 있었다. 그리고 그곳에서는 이러한 역사적인 건축물을 살려 중심시가지를 활성화하려고 하였다. 이곳은 마카베 돌이라고 부를 정도로 석재가공기술이 전국적으로 유명한 곳이었는데, 기술의 많은 부분은 해외에 팔고 남은 기술을 활용하여 명맥을 유지하고 있었다. 그래도 이전의 융성했던 시절에 지어진 석조건축물과 창고시설물 등 건축적으로도 매우 가치 있는 자원이 적지 않았다. 계획과정에서는 행정과 전문가, 지역주민들이 참여하여 경관에 관한 의견을 적극적으로 피력하였다.

특히 행정과 경관 관련 위원회에 주민대표가 참여하는 점이 인상적이었으며, 회의진행이나 추진과정에서의 협의, 행정에서의 원활한 조정이 인상 깊었다. 지역자원의 조사와 발굴, 조정과정에서도 그러한 주민활동이 이어졌다. 최종 토론회에서는 경관계획의 내용을 확정하였고, 거점공간에서 영상으로 내용을 알려나가는 과정도 흥미로웠다.

2004년부터 2006년까지 진행된 이러한 경관 시스템 구축의 경험은 이후 도시재생과 도시디자인을 해나가는 방식에 큰 영향을 미쳤

마카베마치의 옛 사진과 최근 경관조성 후 사진   원풍경의 복원을 통해 자신들의 뿌리를
찾는 것이 재생의 기본이 된다

2007 남양주시 워킹그룹 토론회 시민과 행정, 전문가가 모여 도시경관의 미래를 이야기하는 참여형 도시디자인의 기반이 이때부터 시작되었다

다. 이전까지 알고 있던 방식은 전문가가 멋지게 만들고 행정이 멋있게 진행하고 주민은 공청회에 와서 불평을 하고 박수치며 마무리되는 것이었는데, 그와는 다른 '협의의 방식'을 경험하게 된 것이다.

실제로 남양주시의 모든 도시디자인에 그러한 방식을 적용하려고 노력했었고, 다른 도시에도 적지 않게 적용되었다. 지금 생각해보니 누구는 그 방식을 마을만들기라고 부르고 누구는 참여디자인이라고 불렀지만, 실은 그 자체가 도시디자인의 기본과정이었다. 마을만들기의 표본이었던 능내1리도 그랬었고, 주민들이 디자인과 시공에 참여하고 애착을 높이는 방법은 남양주 도시디자인의 기본이되었다.

서하리 마을의 주민협의 초창기에는 꿈도 못 꾸었던 주민들의 관심과 참여가 사업과정에서 심화되어 나갔다. 기존의 물리적 정비 위주의 사업추진에서는 상상하기 힘든 풍경이다

광주시 서하리

광주시 서하리에서 진행된 역사마을 디자인은 그러한 프로세스를 잘 실천한 사례였다. 경기도 시범사업으로 진행된 경관개선 사업에서 주민과 행정은 단기간에 효과적인 개선을 요구하였다. 결과적으로 참여를 통한 경관개선과 유지관리, 행정과 주민, 전문가의 조율 등을 적용하여 시작단계에서는 상상할 수 없었던 성과로 이어지게 되었다.

그러한 진행은 모두에게 처음이었다. 행정도, 지역주민도 조율에 어려움을 겪었고, 결국 1년 이상의 시간을 계획에 할애하고 말았다.

1차 사업 정비 후 풍경 역사마을다운 차분함과 자연과의 조화가 느껴지는 마을이 만들어졌다.

2차 사업 후의 골목풍경 골목을 걸으며 재미를 느낄 수 있는 거리가 만들어졌다. 벽화가 없이도 얼마든지 이러한 풍경이 가능하다

그러나 그러한 과정을 겪으며 각자의 역할을 조금씩 알아가게 되었다. 만일 그러한 갈등과 조정의 과정이 없었다면, 주민들은 "행정에서 전문가를 데리고 와서 무엇인가 해주는가 보다"라고 생각하고 방관자로 머물렀을 것이다. 그렇다면 아마 서하리의 경관도 큰 의미 없이 적당히 예산으로 환경을 정비한 정도로 그쳤을 것이다. 갈등의 조정은 어려운 일이다. 사람은 기본적으로 자기 것에 대한 애착이 있으며, 적당한 이기심과 공동체에 대한 불만이 있기 마련이다. 어떤 계획이든지 그러한 사적인 개입이 공적인 이익을 넘어서기 때문에 공동체의 갈등은 매우 자연스럽다. 우리나라라고 해서 있는 별다른 현상도 아니며, 지역에 따라 나타나는 특이한 것도 아니다. 그것

시흥시 관곡지구 경관개선 워크숍 주민과 전문가의 협력은 이미 정착되었고 그만큼 주민의 요구와 관찰력도 늘어났다

은 자연스러운 발전의 과정이라고 생각해야 한다. 단지 문제가 있다면, 그러한 한계극복의 노력을 지금까지 적극적으로 하지 않은 점에 있었다. 그렇기에 서하리의 시도는 큰 의미가 있었다. 1년 반을 지나 디자인이 완성되고, 주민들의 참여로 마을길이 정리되었다. 마을의 경관이 조금씩 변해가면서, 주민들도 힘들었던 기억보다 좋았던 기억들을 생각하기 시작했다. 행정도 쉽지 않았던 성과에 대한 압박을 잘 이겨냈으며, '행정과 전문가만 아는 계획이 아닌 주민이 아는' 훌륭한 '과정'을 세웠다.

그렇게 서하리는 자연과는 관계 없던 풍경에서 전원에 어울리는 푸근한 풍경으로 변해 갔다. 신익희 선생의 생가까지 이어지는 길은

능내1리 연꽃마을 전망대 이곳의 모든 시설물과 연밭은 주민의 손으로 만들어진 결실이다. 이 마을을 시작으로 남양주시 마을만들기가 확산되었다

이전의 산만한 길이 아닌 나름 자연과 어울리는 길로 변했다. 이 마을의 무질서한 공간이었던 마을회관 앞과 주택의 파란색 지붕은 쾌적한 공공공간과 주변 자연환경을 해치지 않는 안정된 색채로 정리될 수 있었다. 색채도 주민과의 협의로 선정하여 과정에 대한 이해를 높인 점도 의미가 컸다. 이러한 성과는 2차 계획의 진행에서도 잘 나타났는데, 주민들의 참여도 자연스러웠고 토론과 협력도 자연스러

웠다. 이러면서 경관도 성장하고 사람도 성장했다고 생각된다. 물론 그러한 작은 성과만으로 지역과 사람이 크게 바뀌는 것은 아니다. 그럼에도 10년, 20년 후를 생각하면 그러한 작은 시도가 더 나은 도시를 만드는 밑거름이 될 것이다. 그리고 선진도시에서 가능했던 것을 우리에 맞게 적용하고 성과를 이룬 것만으로도 서하리의 경관개선은 소중한 가치를 가졌다.

그리고 마을만들기의 다양한 시도들

그 후 3, 4년간은 마을만들기에 집중한 시기였다. 사실 내가 딱히 이전부터 마을만들기에 대해 관심을 가졌던 것은 아니었고, 도시디자인과 재생에 있어 협의와 참여가 당연한 요소라고 생각한 것 정도였다. 주민이 소외된 도시디자인의 폐해를 극복하고자 한 것이 기존 방식에 비해 신선하게 받아들여졌던 것 같다.

남양주시와 시흥시의 마을만들기는 보이지 않는 도시경관을 만들어나가는 시도였으며, 건물과 시설이 아닌 사람과 문화가 도시의 중심에 서도록 하는 데 방향을 두었다. 특히 남양주시는 워킹그룹에서 자연스럽게 발전해 지역경관 개선을 위한 주민활동으로 이어졌고, 그 시작점이 북한강 유역의 능내리와 조안리, 송촌리 등의 자연부락이었다. 이 마을들은 수려한 자연환경을 가지고 있으나, 상수도 보호구역에 있어 개발의 규제가 심했다. 그런 상황에서 마을만들기는 주민들에게 강한 자치활동의 동기를 부여했고, 스스로 지역경관 개선과 지역활성화에 참여하게 하였다. 대표적인 사례가 능내1리 연

남양주시 조안1리의 전망대와 구 능내역사의 복원을 통해 풍경은 더욱 개성적으로 변했다.
주민들의 사회적 기업의 활동이 더해져 자립형 마을공동체로 성장하게 되었다

대야동 거리재생사업 전(상)과 후(하) 주민들의 손으로 거리가 정비되고 지속적 관리를 위한 규칙이 만들어졌다

대야동 거리골목 참여형 외벽정비 과정 주민이 타일로 외벽을 보수하고 관리하는 사례를 만들게 되었다. 행정의 예산으로는 생각할 수 없던 결실을 가져왔다

꽃마을이었으며, 그 외에도 능내2리와 송촌리, 조안리에서도 성공이라고 할 만큼의 주민 주도의 경관개선을 이루어냈다. 1년차의 이러한 성과는 남양주 내 다른 지역도 할 수 있다는 믿음을 주었고, 그 후로는 매년 수십 곳의 마을이 동참하였다. 3년차 이후로는 아파트단지와 도심 상가에서도 독창적인 시도가 이루어졌다.

　남양주시에서 얻은 마을만들기 경험은 그 뒤의 시흥시 마을만들기의 시스템 구축에서 효과가 나타났다. 심사위원의 구성과 협의방식, 주민 주도의 사업추진과 전문가 지원방식, 사업특성을 고려하여 사업비를 조정하는 방식, 선정사업만이 아닌 미선정 시에도 1년간 주민의식을 높일 수 있도록 예산을 지원하는 제도, 마을계획에 전문가를 지원하는 제도, 연간 발표회 등으로 사업의 성과를 공유하는 자리 등 체계적인 운영으로 마을만들기가 이어졌다. 이러한 방식은 마을만들기를 주민 지원에 그치는 활동이 아닌, 지속적인 주민자치를 위한 마중물로 자리 잡게 하였다. 그 과정에서 공동체와 지역특성에 따른 다양한 성과가 나왔으며, 그렇게 성장된 주민 리더들은 다른 지역과 지자체 활동에서도 중요한 역할을 하였다. 물론 이들의 활동이 단순한 재능기부에 머물지 않도록 경비도 적극적으로 지원하였다.

그중에서 시흥시 대야동의 마을만들기는 매우 인상 깊었다. 대야동 주민센터의 뒷골목 재생을 시의 예산만이 아닌, 지역주민이 자체적으로 진행한 첫 사례였기 때문이었다. 사실 계획 주체들이 처음부터 그러한 방향을 구상한 것은 아니었다. 공모에 신청할 당시에는 예산 대다수가 시설물 구입과 설치 위주로 되어 있어 주민자치센터 사업을 마을만들기로 포장한 것에 가까웠다. 결과적으로 그 해의 사업에는 선정되지 못했지만, 500만 원 정도의 금액으로 주민교육과 협력활동을 추진하게 되었다. 그리고 그 일환으로 추진된 것이 대로변 공구상 앞에 화단 조성이었다. 이 계획에는 공구상을 운영하는 주민뿐 아니라 관심 있는 많은 사람들이 참여하였으며, 그 결과 대로변의 적재된 물건들 대신 주민이 디자인하고 제작한 화단이 가로풍경을 연출하였다.

그렇게 한 해 동안 마을만들기를 경험한 주민주체들이 다음해 진행한 것이 대야동 뱀내장터 거리계획이었다. 이미 시행착오가 있었고 참여방식에 대한 이해가 생겨서인지 가장 훌륭한 제안서를 만들었고, 강한 참여의지가 확인되어 큰 이견 없이 선정되었다. 참여주체들은 넉넉하지 않은 예산으로 주민 숙원이었던 주민센터 뒤 골목의 개선을 추진하였다. 경험이 없던 그들과 사업의 방향과 목표 등을 토의하게 되었고, 최종적으로 쓰레기가 난무하고 개성 없던 뒷골목을 녹지와 휴식공간이 있는 아늑한 곳으로 계획하기로 하였다. 물론 이러한 골목의 조성에는 적지 않은 예산이 수반된다. 약 50미터 정도의 골목임에도 설치되는 벤치와 화단, 담장과 대문의 개선을 생각하면, 500만 원은 터무니없는 금액이었다. 그러나 참여주체들의 의지가 높아 모든 것을 스스로 만드는 방식으로 추진하게 되었다. 기본적인 디자인은 우리 학생들의 재능기부로 정리되었다.

그렇게 정리된 내용에는 골목 전체에 휴식을 위한 벤치와 화단의 조성, 타일을 이용한 개성적인 담장의 정비, 낡고 녹슨 대문의 도색, 높낮이가 달라 가로의 연속성을 저해하던 담장의 정비, 버려진 공간의 화단 조성 등의 내용들이 포함되었다. 처음 계획안에는 없었던 다른 곳에서는 보기 드문 계획이 수립된 것이다. 특히 담장의 디자인에 대해, 주민주체들은 뱀내장터의 이야기를 담은 벽화를 제시하였으나 벽화는 지속성이 없어 다른 방안을 제안하였다. 토의 결과, 훼손이 심한 4곳의 벽을 타일로 장식하는 안이 나왔으나, 그 방법은 많은 예산이 수반되는 어려움이 있었다. 결국 주변에서 기부받은 타일과 이곳저곳에서 공수해 온 타일로 벽면을 채우기로 하였고, 제작도 자체 교육을 통해 주민이 직접 하게 되었다.

실제 시공기간은 뜨거운 한여름이었는데, 처음 해 본 체험이 즐거워서인지, 지역봉사에 대한 보람 때문인지 많은 주민들이 참여했다. 처음 4곳을 하려고 했던 계획은 주민들의 요구로 나중에는 10곳 정도로 늘어나게 되었다. 물론 그만큼 참가자들의 피로도도 컸지만,

시흥시 마을만들기 협의회의 지역 리더들이 전문가로 참여하고 주민 활동을 지원하는 형태로 발전되었다

협업을 위해 토요일도 마다않고 작업한 정성도 겹쳐 동참하는 주민도 늘어났다. 심지어 음식을 내어놓고 휴식장소를 제공하는 주민도 생겨났다. 이렇게 누구보다 뜨거운 여름을 보낸 그들의 노력으로 대야동의 골목은 훨씬 더 밝아졌고, 예산만으로 해내지 못할 그들만의 독창적인 거리재생을 이루어내었다. 쓰레기를 투기하던 주민들도 자연스럽게 분리배출을 하였고, 최고의 난관이었던 진입부의 아파트 담장도 개방적인 모습으로 변모하게 되었다.

물론 대야동뿐만 아니라 정왕동에서도, 도일시장에서도, 신천동에서도, 신현동에서도, 물왕저수지 주변에서도, 각자의 모습에 맞는 마을만들기가 진행되었고, 곳곳에 주민들의 노력과 땀이 소소한 결실을 맺었다. 물론 그 과정에서 전문가들과 행정 담당자들은 지속

가능한 지원 시스템을 구축하기 위해 격론을 벌였다. 그 속에서 계획선정이 목적이 아닌 지역을 위해 주민이 성장할 수 있는 구조를 만들기 위한 고민을 거듭했다. 물론 모든 계획이 잘 진행된 것은 아니었으며, 오히려 갈등을 겪고 반대에 부딪치는 경우도 많았다. 그럼에도 그 3년간의 성과는 행정 중심에서 주민 중심으로 도시재생의 주체가 변경되는 큰 진전을 이루게 했다.

지금은 결실만을 생각하며 긍정적인 측면을 서술하고 있지만, 당시 모든 과정에서 쉽게 얻어진 것은 거의 없었다. 주민들도 행정 담당자도, 심지어 단체장에게는 모든 과정이 새로웠으며, 어떻게 활동하고 어떤 성과를 지향할 것인가에 대해서도 막연한 상황이었다. 성과에 대한 참여주체의 괴리감은 매번 갈등의 순간을 만들었고, 공동체 안에서도 그러한 갈등이 빈번하게 일어났다.

그럼에도 3년 정도가 흐른 뒤로는 지역 곳곳에서 변화가 일어났고, 드러나지는 않지만 주민들의 손으로 만들어진 결실이 생겨났다. 행정에서 예산을 들여 했더라면 얻어지지 못할 소중한 성과들이 마을 곳곳에 자리 잡게 되었고, 이러한 성과는 주민 역량의 향상으로 이어졌다. 물론 항상 좋은 성과만 있었던 것은 아니었고, 한 1년 반짝 하다가 그만둔 곳도 많았다. 어떤 공동체는 갈등이 증폭되거나 사업비가 공동체의 이익이 아닌 곳에 사용되는 예상치 못한 일들도 있었다. 그러나 전반적으로는 주민 리더들의 발굴과 공동체 협력을 통한 거버넌스 구축이라는 소소한 성과가 나타났다.

최근 정부가 중심이 되어 도시재생을 적극적으로 추진하고 있다. 하지만 개인적으로는 마을만들기와 같은 주민 주도의 기반 없이 진행되는 도시재생은 결국 건축물과 같은 물리적 공간만 허울 좋은 명목으로 늘어나게 될 것이다. 그런 점에서 5년 넘은 주민공동체 구축과 다양한 사업 접근의 경험은 새로운 도시디자인 추진에 큰 발판이 되었다.

이전에 진행된 마을만들기의 도전과 모험이 없었다면, 최근의 많은 도시재생 역시 정부의 예산으로 구도심 환경을 물리적으로 개선하는 정도에 그치고 말았을 것이다. 주민 주도의 경험이 없는 지역에서 어떻게 주민참여, 주민자치가 가능하겠는가. 아무리 좋은 수식어를 쓰더라도 경험이 없는 사람들에게 높은 수준을 기대하는 것은 주도하는 사람들의 과욕일 뿐이다. 오랜 기간 소소하지만 지역에 뿌리내렸던 많은 흔적과 다양한 경험이 있어야 재생이라는 그림을 그릴 수 있지 않겠는가. 그런 점에서도 마을만들기의 철학과 정신은 도시재생의 뿌리라고 생각한다. 그리고 그 배경에는 주민이 시민으로 나아갈 수 있는 의식의 성장이 자리 잡고 있다.

마을만들기, 조직화된 주민에 의한 체계적인 공간재생디자인의 시도

마을만들기 시스템을 한창 구축할 당시 많은 곳에서 강연을 하였는데, 나의 소개를 마을만들기 전문가라고 했었다. 하지만 나는 마을만들기 전문가였던 적이 한 번도 없었다. 처음 귀국하여 도시디자인을 시작했을 당시부터 주민협의의 디자인은 나의 기본이었고, 아주 당연한 것이었다. 그리고 마을만들기는 지속 가능한 도시 구축을 위한 과정이었을 뿐, 특별히 그것만을 중요한 결과물로 정한 적은 없었다. 마을만들기, 즉 커뮤니티디자인은 방법일 뿐이지 결과가 아니기 때문이다. 최근은 가로재생, 안전디자인 전문가로 불리는데 그 역시 나와는 맞지 않다. 도시디자인은 처음부터 주민참여와 협의가 기본이 되어야 한다고 생각하며, 그것이 도시재생의 근간이라고 생각한다. 이러한 생각을 머리로 이해하는 것과 마음으로 이해하는 것은 전혀 다른 문제이다. 그 과정이 필수적이라고 생각하게 되면, 자연스럽게 접근의 관점이 바뀌게 된다. 디자인에서도 주민을 대상으로 보기보다 동반자와 주체로 보게 하고, 성과도 소유하기보다 모두의 것으로 나누기 위해 노력하게 된다. 그리고 그 결실 역시 같이 참여한 주민 또는 협력자의 것으로 생각하게 된다. 전문가는 그것을 중재하고 아주 가끔 이끌어나가는 역할이면 충분하다고 생각한다.

마을만들기가 어느 정도 결실을 맺기 시작한 후로는 현장에서 과정을 기획하고 실제의 디자인 실현에 참여하게 되었다. 수원시 파장동의 도시재생디자인은 그 첫 시도였으며, 수청리와 서하리와 같은 마을 등에서도 새로운 접근을 시도하였다. 이론과 현장은 다르다. 주민도 그냥 아는 주민과 같이 해나가는 주민, 평가하는 주민이 다르며, 공간도 그냥 보는 공간, 즐기는 공간, 평가하는 공간, 만드는 공간이 다르다. 모든 입장과 조건이 하나의 장소에서 만나게 되며, 그로 인해 도시는 새로운 가치와 의미를 만들게 된다. 따라서 도시디자인은 다양한 가치를 고려하고 어떤 가치를 그 공간에 남길 것인가를 고민해야 한다.

물리적인 공간의 디자인은 매우 쉬운 문제이다. 최악의 경우 다른 곳에 적용된 좋은 사례를 모방하면 된다. 하지만 공간과 공동체에 최적의 디자인은 전혀 별개의 문제, 가치의 문제이다. 우리가 어떤 가치를 부여하고자 하고, 그것이 어떤 과정으로 공감을 얻는가와 관계되어 있다. 실제로 긴 역사 속에서 도시디자인이 그렇지 않은 적이 없었다. 이제 바뀐 사람이, 바뀐 장소와 시간 속에서 그 문제를 풀어나가게 된 것만 다르다. 그렇기에 도시디자인 과정의 매 순간은 긴장되고 두려우며, 예측 불가한 미로 안을 걷는 것과 유사하다. 그 안에서 우리는 최고의 가치를 만들기 위해 노력할 뿐이다.

재생의 현장에서

시흥시 월곶에서 진행된 수변재생과 시흥시 내 저수지의 계획은 그런 점에서 몇 가지 시사점을 주었다. 결과적으로 그다지 성공적이지 않았지만, 최선의 과정이 좋은 성과로 이어지지 않을 수 있다는 교훈을 주었다.

뒷방울저수지는 취지와는 다르게 사용되는 공간을 주민에게 돌려주자는 목적에서 시작되었다. 농업용수를 저장하는 시흥시 내 7곳의 저수지에 낚시터가 생기면서 문제가 된 경관훼손의 해결이 주된 내용이었다. 그러나 처음부터 주민들과 낚시터 운영 측과의 대립이 심각하였다. 공공의 저수지에 낚시터가 있는 것도 이상한 상황이었는데, 실제로는 저수지 관리도 낚시터를 중심으로 한 주민단체가 하고 있었다. 이러다 보니 저수지 주변경관은 거의 방치 상태였고 낚시객 이외에 방문객은 저수지를 편하게 이용하기 힘든 상황이었다.

이 문제는 주변 주민들의 민원으로 본격적으로 부각되었고, 나 역시 행정 책임자의 부탁으로 협의에 참여하게 되었다. 놀랍게도 시

홍시만이 아닌 국내의 많은 저수지가 낚시터로 활용되고 있다는 것도 그때 알게 되었다. 문제해결을 위해 우선 지역주민들과 낚시터 관계자, 행정 관계자와 내가 한자리에 모여 토론을 진행하게 되었다. 예상대로 기존 낚시터 운영 측은 생계문제와 저수지관리를 내세우며 기존 유지를 주장하였고, 주민대표 측은 주민들이 편하게 사용할 수 있는 수변공원 조성을 요구하여 소송 직전까지 가는 충돌이 반복되었다. 그해 중순부터 시작되었던 협의는 그해 막바지가 되어서야 겨우 조정되었는데, 결과적으로 낚시터를 저수지 한쪽으로 옮기고 그 외의 공간은 주민이 이용 가능한 수변공원 조성으로 정리되었다.

이렇듯 우리가 공공공간이라고 생각하는 많은 공간이 의외로 공공이 아닌 경우가 많으며, 실제로 사유지를 공공공간으로 사용하는 경우도 적지 않다. 이전에는 측량기술의 문제로 그런 일이 생겼지만, 계획적으로 공간을 정확히 관리하지 못했던 결과가 이런 문제를 야기시키고 있는 것이다. 2020년 시행되는 도시공원 일몰제도 이와 유사한 경우로, 공공공간이 공공공간이 아니고 사유지가 사유지가 아닌 경우가 많다. 그로 인해 공간을 개선하고자 하더라도 원칙이 통하지 못하고 매번 주민 협의 말고는 특별한 대안이 없거나 협의 자체가 어렵다. 도시재생을 하고자 해도 이미 공간이 무계획적인 개발이 되어 있거나, 사유지가 대다수여서 협의에 난항을 겪게 된다. 또한 공공의 공간이라도 장기간 이상한 방향으로 사용되고 있어 개선을 하고자 해도 저항이 생기게 된다. 노점 개선도 그러하며, 학교 주변의 경우도 그러하며, 보행로의 개선 등에서도 매번 그러한 상황과 부딪친다. 디자인 자체의 문제보다 공간을 확보하기 위한 준비과정

월곶 공간재생 마스터플랜

에서 더 큰 어려움을 겪는 것이다.

　이번 뒷방울저수지는 결과적으로 공원을 조성하고 낚시터를 최소화하는 방안으로 정리가 되었지만, 우리가 자연환경과 역사문화 환경의 관리가 얼마나 소홀했던가를 단적으로 보여준 계기였다.

　월곶의 수변공간의 재생사례는 공간의 재생과 유지관리의 어려움을 다시금 각인시켰다. 이 계획 역시 단체장의 부탁으로 진행하였는데, 상인과 주민 간의 계획방향 조정이 과제였다. 인천과 시흥의 경계에 위치한 월곶은 수도권에서도 그렇게 멀지 않은 뛰어난 접근성을 가지고 있고 경관적으로도 훌륭한 조건을 가지고 있다. 바로 옆에는 배곧신도시가 조성되어 향후 집객 여건도 우수했다. 그러나 횟집이 주로 위치한 수변은 어지러운 간판과 상점의 풍경, 수변에 쌓

월곶 공판장과 선착장의 공간재생 공판장은 청년들이 운영하는 문화공간으로 사용되고 있으며, 어구들이 쌓여 있던 선착장은 훌륭한 수변 산책로가 되었다.

인 어구들, 특징 없는 창고와 시설물, 지역 이미지와 그리 연관 없어 보이는 조형물 등으로 저녁 늦게 회를 먹기 위해 찾지 않는 한 특별한 매력이 없었다. 어시장은 영업능력을 상실하여 가계 안쪽은 거의 비어 있었고, 길 건너 소래포구에 비해 가격경쟁력도 떨어져 지역에서도 별로 애용하지 않았다.

더 큰 문제는 개선 필요성은 모두가 인정하면서, 스스로 중심이 되려고는 하지 않는 것이었다. 상인들은 주차장과 같은 영업시설의 확충에만 관심이 크고, 선주들은 창고 등의 보관시설만을 중요하게 생각한다. 특징도 매력도 없는 수변, 접근성이 떨어지는 철도역사와 보행로, 개성적이지 못한 가계들, 그나마 맛있는 회를 먹더라도 다른 즐길 무엇이 없는 수변, 게다가 각기 다른 목적을 가진 상인들과 주민들, 이런 공간이 물리적 환경을 개선한다고 과연 매력적으로 성장할 수 있을까. 행정은 전략적 중요성 때문에 이 지역을 개선하고자 하지만, 과연 무리해서 재생시킬 가치가 있는 것일까. 비단 이곳만이 아닌, 국내의 많은 도시재생에서도 주민의 관심이 낮고 지속성이 낮은 곳의 무리한 계획추진은 재검토가 필요하다.

결과적으로 우리는 계획을 추진했고, 수변의 어구를 걷어내고 쾌적한 보행로를 만들었다. 공판장은 청년의 창업과 문화를 공유하는 공간으로 조성하였고 관리도 지역 청년활동가들에게 맡겨 활성화의 가능성도 높였다. 화장실과 공공공간도 개성적으로 조성하였고, 다양한 축제 프로그램도 기획하여 월곶을 알리기 위한 활동도 준비하였다. 앞으로 이곳은 배곧신도시의 완공으로 더욱 활성화될 것이다. 물론 아무런 도전 없이 공간의 쇠퇴를 방치하는 것보다는 나은 결과라는 점은 분명하다. 그럼에도 앞으로 추진되는 많은 도시재생에서 이런 식의 사업추진은 진지하게 고민해 볼 문제이다. 물론 앞으로도 도시의 재생을 위해 열심히 노력은 하겠지만, 공간이 사람에게 던지는 도시재생의 과제는 머릿속에 남을 것이다.

다양한 도시재생디자인의 접근 그리고 사회적 책임

도시디자인의 참여는 기본적으로 책임의 영역이다. 토론이 격하고 참여가 커질수록 책임의 범위도 커진다. 어떻게든 이익과 공존의 의미는 같다. 둘 다 경제적으로 또는 지역의 주인으로서의 공적 이익을 위해 필요한 것이며, 따라서 참여는 도시의 미래를 거는 활동이다. 도시재생에서도 자신이 사는 곳에 대한 책임과 절실함이 클수록 주민의 참여범위는 커질 수밖에 없으며, 그 결실 또한 커진다.

성미산마을의 주민참여형 거리재생과 부평 문화의거리에서 진행된 상가재생의 경우, 지역재생을 위한 명확한 목표로 치열한 활동을 전개한 경우에 속한다. 그런 자생적 활동의 경우 반발도 크고 도전의 범위도 넓다. 따라서 같이 해나가는 사람들 사이에 넘어야 할 산도 많지만, 넘었을 때의 성취감과 지속성은 클 수밖에 없다. 실제로 두 지역에서 보여준 성과는 그러한 사실을 의심 없이 보여주었고, 민간 주도의 참여형 도시재생이 나아가야 할 방향을 제시하였다.

동작구와 송파구 등의 서울시 내 자치구에서 진행된 범죄예방디자인과 같이 소프트하면서도 지역에 의미 있는 성과를 가져온 사례도 있었다. 물론 기존의 많은 계획에 비해 치열한 주민협의나 고민은 덜했지만, 가로에 어울리는 다양한 시도를 했다는 점에서 딱 필요한

부평 문화의거리 이곳은 상인이 중심이 된 자율적 거리재생의 선도적인 시도로 평가되어야 한다

만큼의 재생을 가져온 접근이었다. 너무 스트레스받지 않고 공간에서 요구되는 적당한 대안을 제시하였고, 주민 역시 지역의 경관과 안전환경이 구축되었다는 점에서 긍정적으로 참여하고 만족했다. 그런 점에서 모든 공간이, 지역이, 장소가 같은 성과를 지향하며 같은 방식으로 재생을 추진할 필요는 없다. 사람과 공간이 가진 조건에 맞추어 디자인의 해법을 제시하는 것이 오히려 현명한 선택이다.

우리는 이미 많은 곳에서 도시재생을 위한 계획을 끊임없이 추진해 왔다. 이름만 달랐을 뿐이지 국토부에서 추진한 도시재생사업과 도시활력 증진사업도 그 시도였고, 문체부에서 진행한 광복로 개선사업이나 서울시에서 추진해 온 다양한 공간개선사업도 재생의 접

동작구의 범죄예방디자인 구의 핵심정책으로 범죄예방디자인을 추진하고 있는 동작구는 동네에 어울리는 소프트한 디자인으로 동네의 정겨움과 범죄예방 효과를 살린 좋은 예이다. 벽화만 그린 곳에 비해 얼마나 세련된 접근인가.

근에 해당한다. 이미 많은 곳에서 국내에서만 볼 수 있는 성과가 나타나고 있다. 아직까지 독일의 하펜시티와 요코하마의 수변도시와 같이 장기적으로 추진한 대규모 도시재생까지는 아니더라도, 서서히 우리 도시가 나아가야 할 방향이 표면적으로 나타나고 있다는 점은 분명하다.

전주 한옥마을과 같이 역사적인 경관을 살려 구도심을 재생시킨 사례도 있으며, 부산 감천마을과 같이 구도심의 매력을 적절히 살려 나간 곳도 있다. 인천의 아트플랫폼과 부산의 수변지구, 군산의 근대거리, 대구 중구의 근대문화거리, 최근 서울시가 조성한 마포석유비축기지와 같은 도시재생의 사례는 세계 어디와 견주어도 그 의미

시흥시 맑은물센터 재생공간 기존 정화시설을 주민의 문화공간으로 재생시킨 이러한 사례는 많은 가능성을 보여준다

나 외적인 결실이 부족하지 않다.

　이러한 우리의 성과에 대한 명확한 평가 없이 외국 사례만을 좋은 것으로 생각하고 도시재생의 미래상을 그리는 것은 바람직하지 않다. 우리의 도시가 근대화 과정에서 대책 없는 주택의 보급과 아파트의 확산이 중심이 되어 기형적인 구조로 성장한 것은 주지의 사실이다. 그러나 그러한 역사 역시 우리 도시와 사람의 역사이다. 도시재생의 출발점 역시 그러한 과오를 인정하는 인식전환의 바탕에서 시작되어야 한다. 그럼에도 지금의 도시개발에서 사람과 문화보다는 물리적인 성장에만 치중하여 기존 도시의 흔적을 훼손시킨 점

마포석유비축기지 풍경 도심의 산업유산에 훌륭한 디자인이 결합되어 도시의 랜드마크가 구축된 드문 사례이다. 행정에서 정말 잘한 일은 손을 대지 않고 남겨두었다는 점이다. 능력이 없으면 손을 대지 않고 원형을 남겨두는 것이 훌륭한 지혜이며 후손을 위한 배려이다.

은 반성되어야 한다. 우리 후손은 그만큼 기억을 잃은, 인간다움을 상실한 도시에서 어른들이 저지른 과오의 후유증을 받으며 살아가야 하기 때문이다.

도시의 디자인은 가치와 책임의 문제이다. 기본은 도시의 물리적, 무형적 가치를 외적으로 표현하는 행위가 되겠지만, 그 속에는 공간과 사람의 문화를 담아 다음 세대로 이어나가는 행위이다. 집과 시설물, 거리의 사인을 디자인할 때, 위치한 지역, 사람, 장소의 가치를

수원시 장안문 거북시장 풍경 참여를 통한 구도심 시장의 재생 가능성을 보여주었다

고려하여 디자인하는 것과 그냥 그려낸 것의 결과는 확연히 다르다. 도시를 재생하고 디자인하는 목적이 무엇이겠는가? 상품을 디자인 하고 포장하는 것과 도시를 디자인하고 포장하는 행위 자체는 유사 하지만, 본질적으로 공존을 추구하고 질적인 가치를 추구한다는 점 에서 차이가 있다. 가치와 공존은 도시 생존의 이유이자, 궁극적으 로 사람을 위한 공간을 만들어내는 관점이다. 그러기에 도시재생 역 시 사람의 삶과 공간이 가지고 있는 가치에 대한 믿음 없이는 지속 성을 가지기 어렵다. 지금이라도 우리는 도시의 문화와 역사에 대한 가치를 중요시하는 도시정책으로의 전환이 필요하다.

몇 년 전 일본 가마쿠라를 방문했을 때, 상업가로의 건축물을 지 역 상징인 사찰의 높이에 맞추는 그들의 정책에 대해 참여했던 일

사이타마현 가와고에의 도시재생 풍경 상인의 의식과 문화에 대한 긍지가 이러한 거리를 만들었다. 우리는 언제쯤 이러한 거리를 가지게 될 것인가.

행 한 명이 질문을 했다. 상업지구인데 건축물의 높이를 올리지 않는 것에 대한 주민의 반발은 없는가, 또 그러한 역사적 경관을 지키기 위한 사적 개발 억제의 보상은 어떻게 하는가였다. 그들의 대답은 "당연히 주민의 이해가 필요한 것 아닌가"라며, 보상에 대해서도 없다는 것을 자연스럽게 이야기하였다. 우리 일행은 모두 웃어 버렸지만, 그들의 역사적 경관에 대한 긍지와 책임감은 부러울 정도였다. 국내의 상황이었다면 당연히 많은 법적 다툼이 생겼을 것이다. 도시의 가치는 지키고자 하는 사람들의 의지와 책임감이 있으면 자연스럽게 지켜진다. 모든 것을 경제와 개발의 논리로 해석하면 도시

함부르크 하펜시티의 도시재생 풍경 근대와 현대를 조화시킨 그들의 조율능력은 시사점이 크다. 도시재생은 그 뿌리가 있어야 하며 그것을 살렸을 때 그 장소에 의미가 생기고, 사람을 끌어들이는 매력이 생긴다

의 가치는 존재할 자리가 없어진다.

　대규모 도심개발을 하는 경우도 마찬가지이다. 주변의 역사적 환경을 고려하여 어떤 풍경과 가치를 담아내는가에 따라 도시의 가치도 달라진다. 국내의 대도시 개발을 주도한 곳을 살펴보라. 어디 한 군데 보행자가 주인인 곳이 있는가. 차가 주인이지 사람의 보행이 중심이 되는 곳은 보기 드물다. 그리고 건축물을 보라. 그 지역의, 그 장소의 풍경을 담아낸 그러한 고층개발이 진행된 곳이 있는가. 판교를 가건, 인천 송도를 가건, 서울시 중심부를 가건, 부산의 해안가를 가건, 여수를 가건, 여의도를 가건 건축물을 보고 그 장소의 풍

싱가폴 수변의 고층건물군 수변을 따라 현대성과 역사적 전통거리가 공존하며, 지구마다의 명확한 표정이 살아 있다

경을 느낄 수 있는 곳이 있었던가. 왜 우리는 손만 대면 과거의 기억은 모두 없애고 장소의 기억도 없애고 비슷한 양식과 소재로 비슷한 도시를 만들어버리는 것일까.

왜 하펜시티와 같은 역사의 풍경과 새로움이 조화되는 곳을 만들어내지 못하고, 가까운 도쿄 마루노우치 신도심과 같이 품격 있는 거리를 만들지 못하는 것일까. 왜 우리는 포틀랜드와 시애틀의 수변에서 보이는 매력적인 역사거리와 조화된 고층건축물을 만들어내지 못하는 것일까. 싱가폴의 수변에서 보이는 현대와 과거가 조화된 풍경을 우리는 왜 계획하지 못하고, 그나마 남아 있는 것도 살리지 못하는 것일까. 그렇게 지금도 많은 고층 개발의 현장에서, 아파트 주거단지 조성의 현장에서, 구도심 재생의 현장에서 우리는 형식만 달랐지 같은 방식으로 도시를 비슷하게 만들고 있다. 그나마 남아 있던 구도심마저 10년 후면 비슷한 벽화와 비슷한 골목길로 찍어낸 풍경이 되지는 않을까. 이름만 달랐지 우리는 여전히 같은 방식으로 도시의 기억을 없애고 있으며, 같은 방식으로 장소의 흔적을, 사람들의 흔적을 지우고 있을지도 모른다.

앞으로의 도시디자인과 도시재생

그럼에도 우리는 대안을 찾아야 하다. 기초적인 도시의 기반조성을 위해 획일적으로 정비를 하는 시대는 거의 지나갔다. 아직도 간판정비와 주택정비사업에서 획일적인 풍경과 개성 없는 공간을 만드는 곳이 적지 않지만, 이미 우리는 도시디자인의 정체성과 다양성을 추구하는 시대에 와 있다. 참여하는 주민도, 진행하는 행정가도, 심지어 이끌어나가는 전문가도 그것을 모르고 있는 경우가 적지 않을 뿐이다.

다시 한번 원점에 서서 우리의 도시를 냉철히 살펴보자. 무엇을 재생시키고, 무엇을 지키고 무엇을 만들어나갈지를.

우리 도시의 뿌리는 한옥이 그나마 남아 있던 거리의 풍경과 근대의 가로풍경이 남아 있는 공간이다. 그러한 역사적 거점을 지키고, 풍경과 조화된 경관을 살리지 못하면 우리 도시재생의 근간은 없어진다. 우리는 충분히 그러한 풍경을 부수어 왔고, 기이한 모습으로 변형시켜 왔다. 이제 정말 남은 것이 얼마 없다. 양동마을과 같이 끔찍한 보수를 하기보다 그냥 잘 보존하는 방법을 택하자. 우리는 아직 그러한 풍경을 제대로 디자인할 능력이 부족하다고 인정하자.

근대 풍경이 남아 있는 거리와 건축물 역시 마찬가지이다. 제발 손대지 말고 후손에게도 기회를 주는 지혜를 발휘하자. 그것이 훌륭한 재생의 발상이다. 손대지 말고 충분히 활용할 능력이 생기기까지 문화재처럼 잘 보전하는 것이다. 서구의 도시와 아시아의 중국, 일본에서 각광받는 많은 도시가 개발시대에 비용이 없어 도시 원형이 남아 있던 곳이라는 것을 잊지 말자.

대규모 개발에서는 지역의 건축양식과 가로풍경과의 조화를 중시하도록 하자. 말로는 항상 그렇게 한다고 하는데 실제로는 주변 건축물과의 관계도 잘 고려하지 않는다. 지구단위 계획과 경관상세 계획이 있어도 심의의 통과와 건축주의 취향이 반영되며 개성 없는 디자인으로 마무리되는 경우도 많다. 그렇게 조성된 풍경은 현대적이고 세련되겠지만 장소의 특성과는 거리가 먼 경우가 많다. 물론 완전히 새로운 대지에 조성되는 경우는 어쩔 수 없지만, 그런 경우에도 주변 자연과 지역의 역사성은 존중되어야 한다.

국내에 남아 있는 전통 도시의 풍경을 생각해보자. 안동 하회마을과 경주 양동마을, 아산 외암리마을, 제주 성읍마을, 강원도의 왕곡마을, 순천의 낙안읍성마을이 있으며, 전통마을은 아니지만 한옥이 보존되어 있는 서울의 북촌과 전주의 한옥마을 등이 있다. 그러나 겨우 그것만 남아 있다. 일본의 예를 들어보면, 교토나 아사쿠사, 가와고에 등을 쉽게 떠올리지만, 전국 어디를 가나 역사와 문화가 살아 있는 거리풍경을 쉽게 접할 수 있다. 고베나 히메지, 후쿠오

경주 양동마을의 진입부 과연 이것이 최선이었는지 고민된다. 그 아름답던 마을이 경관정비를 거치면서 테마파크가 되어 버렸다

카, 가마쿠라 등 근대적 풍경이 보존된 지역도 수없이 많다. 우리가 알고 있는 곳은 극히 일부분이며, 그러한 도시문화의 뿌리가 도시재생의 자원이 된다. 그런 곳에서는 도시재생을 쉽게 생각할 수 있으며, 디자인 해결도 쉽게 생각할 수 있다. 머리보다 몸으로 우선 그러한 정취를 익혀 왔기 때문이다. 그들은 이미 근대화 과정에서도 전통이 가진 매력을 지키기 위해 꾸준히 노력해 왔고, 그 흔적들이 지금도 유지되고 있다.

　마찬가지로 바르셀로나와 같은 도시에 첨단기술이 접목되더라도 정취가 유지되는 것은 오랜 시간 축적된 도시경관의 역량과 시민의식이 있었기 때문이다. 가우디의 사그라다 파밀리아나 구엘공원과 같은 위대한 건축물이 천재의 결실로 알고 있다. 하지만 이미 그 시대에 그러한 양식이 태동할 수 있는 건축문화가 있었기에 가능했다.

일본 미노우마치의 전경 일본의 시골 구석구석에 전통이 숨 쉬는 마을이 셀 수도 없이 많다. 이것이 도시문화의 뿌리를 이루면 다른 도시의 문화도 자연스럽게 계승된다

바르셀로나 사그라다 파밀리아 가우디의 걸작은 천재만의 결실이 아니며 시대와 주변환경, 문화가 어우러진 결실이다

여수 수변 풍경 정겨운 구도심이 남아 있지만 산중턱에 지어진 아파트로 인해 재생을 하려고 해도 어색하고 부조화스러운 느낌을 없앨 수는 없을 것이다

시대와 환경이 건축과 도시를 만들어내는 것이지, 위대한 건축가 한 명이 새로운 것을 만드는 것이 아니다. 그것이 우리가 도시의 문화 환경을 성장시키고 지켜 나가야 하는 이유이다.

뉴타운과 같이 새로운 공동주택단지 조성에서도 지금과 같은 획일화된 건축물 디자인은 지양해야 한다. 명확한 도시 정체성과 장기적 플랜을 가진 도시 형성이 요구된다. 모든 도시는 그 도시가 지향하는 또는 사람에게 요구되는 구조와 경관의 조건이 있다. 경관계획은 그것의 축적과 형성을 전제로 진행되어야 한다. 우리는 도시형성의 긴 과정에서 현재라는 시간에서 그것을 이어가는 역할을 하고 있을 뿐이다. 우리가 어떤 자세와 디자인으로 도시를 만드는가에 따라 도시를 살아가는 사람들의 삶과, 앞으로 살아나갈 사람들의 삶도 달라질 것이다. 역사의 흔적을 우리가 만들어나가는 것이다. 그것이

서울역 주변의 풍경 이곳은 어떤 공간인가. 역사적인 공간인가, 상업공간인가

도시디자인에 있어 지금보다 신중하고 책임감이 필요한 이유이다.

무엇보다 그나마 남아 있는 도시의 흔적과 구도심의 자원을 마구 손대지 않아야 한다. 이미 전후 진행된 도시정비의 과정에서 우리가 얼마나 쉽게 도시 정체성을 파괴하고 오랫동안 축적된 흔적을 없애 왔는지를 보아왔다. 일제시대는 조선시대의 도시 흔적을 지웠고, 전쟁시기는 그나마 남은 도시의 축을 부서버렸으며, 전후 복구와 새마을시대는 대규모 주택보급으로 획일적인 도시구조를 만들었다. 80년대 이후로 선진도시들이 도시개발의 반성으로부터 인간 중심의 도시재생을 시작할 때 우리는 아파트 공화국을 만들어나갔고, 기존의 도시 맥락을 이을 뿌리도 지워버렸다. 그리고 이제 다시 도시재생을 이야기하고 있다. 도시재생을 쉽게 이야기하지만 재생은 무엇인가를 되살리는 것이다. 이미 살려나갈 것이 딱히 없는 도시, 막무

송파구 주민협의회 회의 아직 지역에 관심을 가진 사람이 더 많다. 희망을 잃지 않고 긍정적인 면만 보면 많은 가능성이 존재한다

가내로 다 엉망을 만든 도시에서 무슨 재생이 가능하겠는가. 돌아갈 기점, 돌아갈 가치, 돌아갈 기억, 영광의 시대, 물려주고 싶은 유산, 그것을 살리고 남기는 것이 우리의 도시를 이어나가는 것이다. 그러니 제발 능력이 없으면 손대지 말자. 우리보다 현명하고, 도시의 흔적과 가치를 소중히 여기고, 기술적으로도 잘 만들어나갈 후손들의 몫으로 남겨두자.

후회해 본들 어쩔 수 없다. 전후 완전히 파괴된 도시에서 여기까지 온 우리의 역사가 아니겠는가. 이제 그나마 남은 무엇인가를 바탕으로 다음 세대를 위한 도시의 뿌리를 만들어야 한다. 무엇보다 도시정책이 변해야 한다. 도시의 디자인은 삶의 근간을 만드는 과정이다. 개발과 투자의 대상지로 전락한 도시를 긴 안목에서 저층 주거지의 효율적인 개발과 토지공개념을 비롯한 공적 공간 확충, 지속

군산 수변 역사문화 재생구역 공간이 협소하고 부족하더라도 이러한 시도를 통해 우리의 역량은 점차 성장해 나갈 것이다

적인 문화정책 등으로 계획 목적을 바꾸어야 한다. 사유지와 공유지를 명확히 하고 아파트 위주의 개발 정책에서 가로주택정비사업과 같은 저층개발과 공유지 연계가 가능한 투자정책의 보완이 필요할 것이다. 저층주거에서도 쾌적한 생활과 안전성이 확보되도록 강한 가로정비와 공유지 확대 역시 필요하다.

그리고 주민의 의식과 사회적 책임의 향상도 무엇보다 중요한 요소이다. 결국 도시는 사람이 살아가는 공간을 만드는 것이며, 그러한 공간에 의해 사람이 성장하고 도시가 발전된다. 모든 것을 개발이익으로 계산하는 지금과 같은 의식으로 공유의 도시, 공감의 도

서울 구도심 풍경 이 풍경의 미래는 어떻게 될 것인가. 적어도 아파트 단지가 아닌 구도심에서도 기억에 남는 풍경이 지속되기를 기대한다

시는 절대 형성될 수 없다. 도시의 수준에 상관없이 임대료를 올리고, 다른 곳이 어떻게 되건 자신의 이익만을 강조하는 의식이 지배하는 환경에서 조화로운 도시형성이 될 리 만무하다. 이미 그렇게 의식이 형성된 사람들이 이제 와서 이익을 포기하고 도시와 사람이 공존하는 삶으로 변하는 것은 더욱 상상하기 어렵다. 결국 정책적으로 균형 잡힌 도시가 형성될 수 있도록 방향을 제시하고 다듬어야 한다. 그리고 후손들이 매력적인 도시를 만들 수 있도록, 도시의 흔적이 없어지지 않도록 하고 가치를 이어나가는 것이 우리 세대의 책임이다. 그것이 곧 재생의 동반자이자 주인공인 주민 아닌 시민을 키운다.

마찬가지로 책임감 있는 현장의 도시디자이너가 성장할 수 있는 환경 형성이 절실하다. 이미 다른 기준과 사고방식으로 도시의 문제를 이해하고 디자인할 역량을 가진 많은 디자이너가 있다. 그러나 우리는 그들이 활동할 무대를 제대로 만들어주고 있지 못하다. 그들의 훌륭한 아이디어를 괴물로 만들기도 하고, 재단하여 뿌리내리지 못하게 하는 경우도 적지 않다. 행정과 정치가 그들을 그렇게 만드는 경우가 주로 많다. 국외의 많은 도시디자인 전문가를 초빙하면서 우리는 정작 그러한 경험 있고 역량 있는 전문가를 키우지 못하고 있으며, 하청으로 여기는 경우도 적지 않다. 그러한 환경 속에서 그들이 책임감을 가지고 다음 세대를 위한 도시를 만드는 힘든 일을 무

리하게 하겠는가. 그들이 대우받도록 하자. 디자인을 하는 사람들이 행복하게 도시를 구상하고 활동할 때 행복한 도시가 그려지는 법이다. 그들을 불행하게 만들지 말자. 그러면 그들은 그 이상으로 도시를 위해 봉사하고 재생의 미래를 그려갈 것이다. 이미 그러한 도시를 만들어나갈 역량 있는 전문가가 우리 주변에 충분하다.

우리 도시디자인의 수준을 사람에 비유해 보자면 사춘기를 지나 성인이 되기 위해 방황하고 도전하는 나이일 것이다. 지금까지 도시 재생에 있어 부정적인 흔적을 주로 논의했고 그것을 극복하기 위한 힘든 여정을 이야기했다. 하지만 우리뿐 아니라 전 세계의 매력적인 도시 중 편안하게 그러한 결과에 도달한 곳은 거의 없다. 기본적으로 도시는 갈등과 모순 그 자체이며, 수많은 욕심쟁이들이 모여 사는 불만의 덩어리이기 때문이다. 그럼에도 그들은 멸망하지 않았고, 적절한 접점을 찾아 조정해 왔다. 다들 힘든 협의와 도전, 갈등을 극복하며 정체성을 찾아나간 것이다. 우리도 마찬가지이다. 그리고 그들에게 없는 강한 역동성이 우리에게는 있다. 약점이 될 수도 있지만, 극복한다면 장점이 될 것이다. 그것을 극복하고 도시가 성장할 수 있는 기반을 만드는 것이 우리 시대의 과제일 뿐이다. 적어도 후손들에게 기억에 남을 도시의 추억, 돌아가고 싶은 공간을 물려주는 것이 우리의 의무 아니겠는가.

10년간의 짧은 도시디자인의 격변기에 진행해 온 도전들은 우리 도시가 나아가야 할 방향에 작은 시사점을 던졌다고 생각한다. 이제 그 바통을 다른 누군가가 이어나가고 다른 곳에서의 의미 있는 성과도 널리 공유되어야 할 것이다. 우리 도시가 완전히 사라지기까지 우리에게 늦은 것은 없다. 적어도 그런 믿음을 잃지 않고 나아가야 한다. 그것이 우리의 후손들이 살아갈 도시를 만들 우리가 해야 할 역할이자 책임이다. 그들이 우리의 부족한 점을 메워 더 나은 도시를 만들어나갈 것이고, 우리 시대에 해내지 못한 도시의 균형과 매력, 갈등의 극복 등의 과제도 풀 수 있기를 바란다. 그것을 희망한다. 그것이 지금 우리가 많은 어려움에도 도시디자인의 길을 걸을 수 있도록 하는 힘이기 때문이다. 그리고 믿는다. 분명히 그러한 가치를 가진 도시가 생겨나고 멀리 퍼지기를.